뇌 · 마음 · 인공지능

腦 · 心 · 人工知能

Brain · Mind · Artificial Intelligence

腦, 心, 人工知能

by **甘利俊一**

NOU, KOKORO, JINKOUCHINOU SUURI DE NOU WO TOKIAKASU ⓒ Shunichi AMARI 2016

Original Japanese edition published by KODANSHA LTD.
Korean publishing right arranged with KODANSHA LTD.
through Imprima Korea Agency

뇌, 마음, 인공지능

腦 · 心 · 人工知能

Brain · Mind · Artificial Intelligence

인 쇄 : 2017년 12월 20일 초판 1쇄
발 행 : 2017년 12월 26일 초판 1쇄

지은이 : 아마리 슌이치
옮긴이 : 박혜영

발행인 : 송 준
발행처 : 홍릉과학출판사

주 소 : 서울시 강북구 인수봉로 50길 10
전 화 : 02-999-2274~5 **팩스 :** 02-905-6729
e-mail : hongpub@hongpub.co.kr
홈페이지 : www.hongpub.co.kr

ISBN : 979-11-5600-547-6 03000

정가 10,000원

파본이나 잘못된 책은 교환하여 드립니다.

BRAIN | MIND | ARTIFICIAL INTELLIGENCE

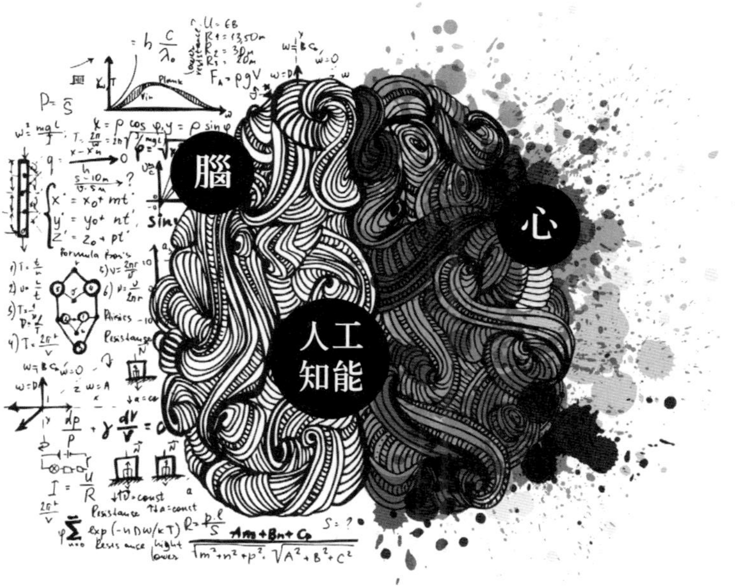

뇌, 마음 인공지능

아마리 슌이치 저 | 박혜영 역

홍릉과학출판사

••• 저자 **아마리 슌이치(甘利俊一)**

일본 동경대학교 공학부에서 학사, 이후 동대학원에서 수리공학을 전공하여 박사학위를 받음. 이후 규수대학 교수를 거쳐 1996년까지 동경대 교수를 역임하였고, 은퇴 후 동경대학교 명예교수이자 이화학연구소 뇌과학연구센터의 수리신경과학 팀리더로서 활발한 연구를 계속하였다. 2003년부터 뇌과학연구센터 센터장을 역임하고, 현재는 동 센터의 특임고문을 맡고 있다. IEEE Neural Networks Pioneers 상을 비롯한 다수의 권위있는 학술상을 수상하였으며, 국제신경회로망학회 창립이사 및 학회장 역임 등, 신경회로망과 딥러닝 분야의 세계적 권위자로서의 역할과 임무를 다하였다. 2012년에는 그의 오랜 기간 동안의 연구 업적을 높이 평가하여 일본 정부가 수여하는 문화공로자에 선정되었다.

••• 역자 **박혜영**

현재 경북대학교 컴퓨터학부 교수로 정보과학회 인공지능소사이어티 이사와 한국뇌공학회 교육이사 및 Asia Pacific Neural Networks Society의 운영위원을 맡고 있다. 연세대학교에서 컴퓨터과학으로 학사와 석사, 박사를 취득했다. 학위 후에는 일본 이화학연구소 뇌과학 연구센터 연구원, 미국 Texas A&M University의 visiting professor를 두루 거쳤다. 주요 연구 분야는 딥러닝을 비롯한 기계학습과 패턴인식 및 인공지능으로, 60여 편의 국내외 저서 및 학술논문을 발표하였고, 10건 이상의 특허등록과 10여 년간 기계학습 및 인공지능 분야의 정부과제와 산학과제를 다수 수행하고 있다.

서문

우리는 문명이나 사회에 대해 사색하고 우주의 기원을 탐구하며, 또한 인류의 역사에 대하여 고찰한다. 장대한 경관에 감동하고 사랑이야기에 가슴 저미기도 한다. 일상에서는 오늘 할 일을 계획하고, 휴일을 기대하며 설레기도 한다. 이는 모두 우리들의 "뇌"가 수행하는 작업이다.

그렇다면, 뇌는 어떻게 세상에 탄생하였는지, 또 어떤 구조로 작동하는 것인지, 나아가 뇌 안에 들어 있는 "마음"이라는 것에 대해 궁금해진다.

저자는 수리공학을 전공한 연구자이다. "수리(數理)"란 수학적인 사고를 말하는 것으로, 인류의 문명과 함께 탄생하였다. 지금부터 5000년 이전의 바빌로니아 문명 시대에, 수학적인 사고를 기록한 점토판이 남아 있는 것은 놀랄만한 일이다. 이러한 저자가 수리의 관점에서 뇌를 바라보고, 수리로 뇌의 비밀을 밝혀보겠다고 멋모르고 뛰어들었다. 그로부터 50년의 시간이 흘렀다.

수리공학이란, 공학의 문제에 수리의 빛을 비추어, 새로운 이론을 만들어 내는 분야이다. 60여 년 전, 2차 대전 후의 일본에서 공학은 20세기의 수학과는 별개로 나뉘어져 있었다. 그러나 현대적인 수학적 기법을 활용하여 새로운 이론을 건설하고자 하는 꿈을 가진 공학자 그룹이 있었다. 동경대학에 창설된 수리공학 코스가 그것이다.

학생 수는 겨우 5명뿐인 코스에 저자는 진학하여, 이후 대학원, 그리고 연구자로서 수리공학의 길을 걷게 되었다. 연구 대상은 공학에 국한되지 않고 수리과학 전반에 걸쳐 있었다. 그로부터 세월이 흐른 지금, 수리과학이 발전하여 우리들의 노력이 착실히 결실을 맺고 있는 것 같아 기쁘다.

뇌는 놀랄 만큼 복잡하고 정교하다. 뇌의 구조와 비밀을 수리과학으로 밝혀낼 수 있다면 멋진 일일 것이다. 그렇게 되면 지금까지의 실험에 의한 뇌 연구와 결합하여 뇌과학은 이론을 가진 과학으로 승화될 수 있지 않을까. 이는 저자와 같은 연구자들에게 주어진 큰 도전과제이다.

뇌는 생물이 가진 기관이므로 오래전부터 실증적인 연구가 진행되어 왔다. 해부학에서 시작하여 미소전극을 사용하여 뉴런의 전기활동을 측정하는 전기생물학, 나아가 분자의 입장에서 뇌의 구조를 밝히는 분자생물학이 여기에 들어간다.

최근에는 이들이 융합하여 광유전학(Optogenetics)이라고 하는 측정법이 개발되어 뇌연구가 크게 발전하였다. 또한 fMRI(기능적 자기공명진단장치) 등으로 사람의 뇌의 활동을 측정 가능하게 되어 인지과학의 인간연구와 뇌의 연구가 연결되었다. 계산론적신경과학이라고 불리는 이론뇌과학도 탄생하였다. 그러나 저자가 말하는 수리뇌과학은 이들과는 조금 다르다. 아직은 정립단계에 있는 과학이라고 할 수 있다.

한편, 뇌를 흉내 내어 지능기계를 컴퓨터로 실현하고자 하는 인공지능 연구가 있다. 이것도 60년의 역사가 있어서, 뇌 연구와는 멀고도 가까운 관계를 유지하며 착실히 성과를 쌓아오고 있다. 체스, 장기, 바둑에서 인간을 제패하고 퀴즈 대회에서 인간 챔피언을 이기는 단계에 이르렀다.

나아가 복잡한 패턴 인식의 분야에서도 인간보다 뛰어난 성과를 올리는 경지에 도달했다. 이러한 성과에는 심층학습(딥러닝)이라고 하는, 뇌의 구조를 교묘하게 모방한 학습법을 사용하고 있다. 이 시점에서 인공지능과 뇌과학이 더욱 가까워지게 되었다.

뇌를 연구하는 것은 재미있는 일이다. 뇌의 구조 뿐 아니라 인간의 마음에 대해 밝혀내려고 하고 있다. 이는 사회와 문명의 형성과도 관계된 것일 것이다. 인공지능이 인간의 지능을 능가하여 사회에 대변혁을 일으키는 기술적 특이점이 2045년경에 도래할 것이라는 설이 있어서 뇌 연구자들도 이를 남의 일로 여길 수는 없다. 뇌연구는, 이제는 사회전체의 관심사가 되었다.

뇌는 아직 해명되었다고 말할 수는 없으나, 많은 부분이 밝혀졌다. 갈 길은 아직 멀지도 모르지만, 바람은 불기 시작하였다. 이쯤에서 저자가 생각해 온 것들을 돌아보고, 뇌의 탄생, 그 기능, 나아가 마음과 문명, 인공지능에 대하여, 저자의 생각을 세상에 물어볼 시기가 왔다고 생각한다. 한 사람의 수리공학자가 생각하는 뇌의 세계를 이 책에서 풀어보이고자 한다.

이 책은 먼저 뇌의 탄생에서 시작하여, 현재까지 밝혀진 뇌의 구조, 이론에 의해 뇌가 어떻게 연구되어 왔는지를 알아보고, 이어서 수리뇌과학에 관련된 내용을 두 장에 걸쳐 알아본다. 여기서는 수식도 약간 사용되겠지만, 수식은 그저 그림이라고 생각하고 훑어 내려가도 상관없겠다. 이후 인공지능이 어떻게 진보해 왔는지, 또 그 미래에 대하여 이야기하고, 마음의 역할과, 문명과 사회에 관하여 생각해보면서 마무리를 짓는다. 수리로 우리들의 마음의 원리를 밝혀내는 날은 과연 도래할 것인가.

저자의 연구를 이 시리즈를 통해 많은 독자들과 함께 나누지 않겠냐는 권유는 30년 전에도 받았으나, 관심은 있었지만 실제로 집필하는 것은 어려웠다. 연구로 분주한 나날들이었기 때문이다. 하지만 저자도 이제 80세가 되었다. 이번이 좋은 기회라고 생각하여 즐거운 마음으로 이 책을 집필하였다.

출판과 관련하여 많은 조언과 격려, 그리고 세세한 부분까지 다듬어 준 출판사에 감사드린다.

한국독자들에게

인공지능의 시대가 시작되고 있다. 이는 사회, 산업, 그리고 문명을 크게 변화시킬지도 모른다. 인공지능은 뇌로부터 힌트를 얻은 기술이지만, 우리들의 뇌는 지능 뿐 아니라 마음을 가지고 있다. 사회에서 살아가는 우리들의 생존의 기반은 "마음"에 있다. 인공지능은 뇌와 마음으로부터 더욱 많은 것을 배울 필요가 있다.

이러한 생각으로 이 책 "뇌, 마음, 인공지능"을 집필하였다. 돌이켜 보면 20년 전의 제 2차 뉴로붐의 시기에, 아시아에서는 일본과 한국의 학자들이 서로 협력하기 시작하였다. 이는 지금도 계속되고 있다. 역자인 박혜영 교수는 당시에 저자의 연구실에서 활약하여 자연기울기학습법이라는 다층 퍼셉트론의 효율적인 학습법을 제창하였다. 그녀의 학위논문이 이에 관한 것으로, 현재의 심층학습의 연구에서도 이 방법은 높이 평가되고 있다.

한국은 산업에서도 학문에서도 세계일류 수준에 달하였으며, 인공지능 분야에서도 뛰어나다. 지금부터는 세계에서 아시아가 활약하는 시대이다. 한국이 일본과 함께 인공지능을 비롯한 세계의 과학기술, 그리고 사회와 문명에 큰 영향을 미치는 공헌을 하게 될 것을 진심으로 기대하는 바이다.

아마리 슌이치(甘利俊一)

역자 서문

역자가 처음 이 책의 원저자인 아마리 교수를 만난 것은 20년 전의 일로, 당시 저자는 이미 동경대학 교수직을 정년 퇴임한 후였으나, 뇌과학연구센터로 자리를 옮겨 여전히 활발한 연구를 수행하고 있었다. 이후 20여년이 지난 지금도 그의 연구에 대한 흥미는 가라앉지 않았으며, 여느 젊은 연구자들에 못지않게 활발히 학술 활동을 하고 있다.

이 책은 반세기에 걸쳐서 그가 수행한 연구 내용 뿐 아니라, 그의 연구 인생동안 쌓아올린 인공지능과 뇌의 공학적 · 수학적 연구에 관한 통찰을 바탕으로 집필되었다. 그의 심오한 연구내용에 더하여, 대규모 국제학회의 창립이사와 학회장을 역임하면서 겪었던 남다른 학술경험에 대한 내용은 이 분야의 젊은 연구자들에게 많은 메시지를 전달해 줄 수 있을 것이다.

또한 전문가가 아닌 일반 독자들에게는, 다소 어렵게 느껴질 수 있는 4, 5장의 수학식 부분을 가볍게 보아 넘긴다면, 최근의 인공지능과 딥러닝의 유행에 편승한 단편적인 글이 아니라, 이 분야의 세계적 거장이 그의 평생을 건 학문적 탐구를 통해 비로소 터득한 깊고 넓은 관점을 통하여 인공지능과 뇌에 관한 학문세계를 들여다 볼 수 있는 흔치 않은 기회가 될 것이다.

역자 역시 인공지능과 신경망에 대한 호기심으로 연구자의 길에 들어선 지 20년이 넘게 흘렀으나, 이 책을 번역해 가는 동안 뇌와 지능, 그리고 나아가 마음에 대한 다양하고 새로운 연구 결과들을 알게 되었으며, 앞으로의 연구에 대해 그 방향을 재점검 하는 귀중한 시간을 가질 수 있었다. 이러한 역자의 경험을, 이미 이 분야를 공부하기 시작한 많은 젊은 연구자들 뿐 아니라, 인공지능에 관심을 가지기 시작한 중고생과 일반 독자들, 그리고 타 분야를 연구하는 전문가들과 함께 나눌 수 있기를 바란다.

박혜영

목차

제3장 "이론"으로 어떻게 뇌가 연구되어 왔나

제4장 수학으로 뇌를 해석한다 (1)

제5장 수학으로 뇌를 해석한다 (2)
"신경학습"의 이론이란

제6장 인공지능의 역사와 미래

제7장 제7장 마음을 들여다보자

제 1 장

우주에서 부터 뇌를 바라본다

뇌에 대해 생각함에 있어서, 먼저 "뇌"가 언제 어떻게 탄생했는지를 살펴보자. 뇌의 기원을 알아보려면 우주의 시작점부터 알아보아야겠다. 생명체가 뇌를 가지게 되고, 사람 안에 "마음"이라는 것이 머물게 된 것은 무엇 때문인지 생각해 보자.

뇌 · 마음 · 인공지능

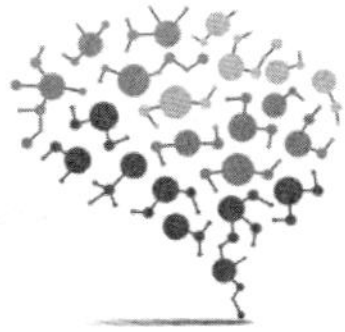

빅뱅과 물리 법칙

우주의 시작, 빅뱅부터 이야기를 시작해보자. 138억 년 전에 빅뱅이 발생했다고 한다. 거대한 에너지의 덩어리가 갑자기 출현하여, 이것이 팽창하여 우주가 생겼다. 여기서 처음으로 시간과 공간이 발생했으니 그 이전에 대하여 생각하는 것은 의미가 없을 것이다.

에너지와 물질은 같은 것으로, 이것이 물리의 법칙에 따라 서로 상호작용하여 급속하게 확산되어 갔다. 초기에 인플레이션이라고 불리는 급팽창이 발생하여 우주가 급속하게 넓어졌으며, 물질이 모여 별을 만들었다. 별과 별 사이에는 공허한 공간이 만들어져, 물질로 가득 차 있던 우주는 구름이 걷히는 것처럼 "맑아졌다"고 한다. 이 과정에서는, 물질과 에너지를 지배하는 물리 법칙이 주된 역할을 하였다. 다시 말해 물리의 법칙에 순종하여 우주는 발전하였다.

■ **그림 1-1.** 은하계의 형성: 빅뱅의 폭발이 확대되어 은하계를 형성함.

초기의 에너지는 균일하지 않고 혼돈이 있었기 때문에 물리법칙에 따라 발전하면서 그 혼돈이 확대되어 그 결과 은하계가 형성되고(그림 1-1), 항성이 생기고, 혹성이 나타났다. 물리학자들은 지금도 우주의 기운을 탐구하고 있다. 블랙홀과 같은 특별한 것들을 비롯하여 우주는 관측 불가능한 암흑물질이나 암흑에너지로 가득 차 있다고 한다.

지구의 탄생

46억 년 전에 태양계의 혹성인 지구가 탄생했다. (그림 1-2). 우리들이 살고 있는 은하에는 태양계 이외에도 혹성이

■ **그림 1-2.** 지구의 탄생: 46억 년 전에 탄생하여, 물리법칙에 따라 발전해 갔다.

다수 존재할 것이라고 생각되며 이들이 차차 관측되어지고 있다. 또 이들 중 몇 개에는 생명이 존재할 수도 있을 것이라는 기대가 높아지고 있다.

지구도 물리 법칙에 따라 형성되어 발전했다. 중력으로 둘러싸인 지구 내부에서 물질과 에너지의 상호작용의 결과로 인한 것이다. 지구가 "불의 구슬"이 된 시대도 있었으며, 구 전체가 동결한 시대도 있었다고 한다. 가혹한 환경이 온화하게 바뀌어 바다와 산, 대륙이 형성되자, 놀라운 일이 발생하였다.

생명의 시작과 진화

물리의 법칙에 따라 변화해 온 물질 중에 생명이라고 불리는, 특별한 형태와 기능을 가진 존재가 출현한 것이다. 40억년 정도 전의 일이다. 최초의 생명은, 아메바라는 원시적인 물질이었다.

생명은 자기복제, 즉, 자신과 같은 것을 만들어 내는 기묘한 물질이다. 같은 것을 만들어 내기 위해서는 자신의 고유 구조를 정보화 하여, 이것에 의존하여 자기를 복제해야 한다.

그 고유의 정보는 DNA라고 불리는 물질에 각인되어 있

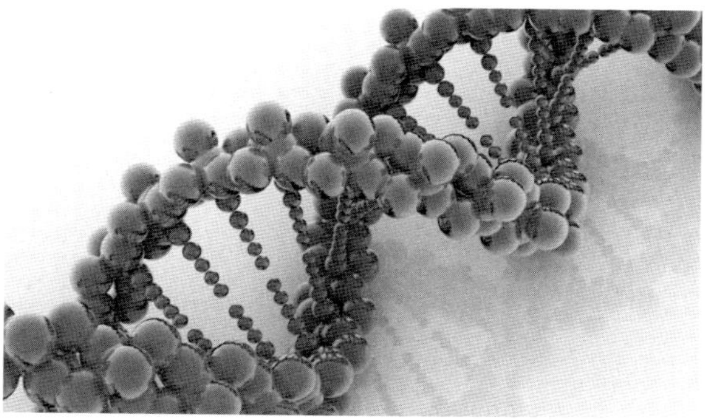

■ **그림 1-3.** DNA의 이중 나선 구조: 아데닌(A), 구아닌(G), 시토신(C), 티민(T)의 4 종류의 염기가 나선형을 이루어 정보를 보유하고 있다.

다. 이것이 유전자로, 염기체가 선형으로 연결되어진 것이다(그림 1-3).

자기복제의 원리는, 미국의 물리학자이면서 수리과학자인 폰 노이만이 기계의 입장에서 자기복제 오토마톤(자동기계; 이것이 발전하여 현재의 로봇이 됨)면서 고안되었다. 이후 이것과 동일한 구조가 현실의 생명체에도 내제되어 있으며 정보를 보유하는 물질이 DNA임이 밝혀졌는데, 이것이 미국의 젊은 분자생물학자인 왓슨(Watson)과 크릭(Crick)으로 하여금 노벨상을 수상을 가능케 하였다. 생명이 어떻게 탄생하게 되었는지는 현재까지도 흥미로운 연구 주제이다.

생명은 요동치는 불확실한 환경 안에서 자신을 복제해 가는데, 때로는 복제에도 오류가 발생한다. 잘못 생성된 것이 보다 건실하여 주어진 환경에서 생존하는데 더 적합한 경우에는 그 오류가 더욱 확산되고 이전의 것들은 도태되어 소멸된다. 이것이 자연도태로, 다윈이 주장한 진화론에 해당된다. 이러한 방식으로 생명체는 발전해 간다. 그것도 놀랄 만큼 다양한 형태로 발전해 왔다.

생명체는 DNA가 전달한 정보를 유지하고 이를 이용하여 발전한다. 생명에서는 정보가 크나큰 역할을 점유하고 있어, 정보가 물질을 적절히 조절하여 자기복제를 하고 발전해 가는 것으로 볼 수 있다.

따라서 이제는 물질과 에너지를 지배하는 물리 법칙에 더하여 "정보"를 생각하지 않으면 생명현상을 이해하는 것은 불가능하다. 특히 생명체가 확률적인 돌연변이와 적자생존의 법칙에 따라 진화하고 발전해 가는 모습은, 단순히 물질들이 변화해 가는 것이라기보다, 이 자체를 생명 특유의 새로운 법칙, 즉 정보를 이용한 진화의 법칙으로 설명하는 것이 가능하다.

우주를 지배하는 물질과 에너지의 법칙에, 생명의 단계에서 정보가 관계하는 진화의 법칙이 더해졌다고 보아야 할 것이다.

그리고 "뇌"가 만들어졌다

진화의 법칙에 이끌려 다양한 생명체가 나타났다. 생명은 하나의 세포로 이루어진 단세포 생물부터 출발하였다. 그런데 여러 개의 세포가 공동으로 움직이면 각각의 역할을 분담할 수 있어서 생존에 유리해 진다. 이로써 다세포생물이 나타나고, 이것들은 동물과 식물이 되었다. 가설에 의하면 6억년정도 전의 일이라고 한다. 진화의 계보를 따라가면 여러가지 재미있는 사실들을 알 수 있으나 이는 이 책의 범위를 넘어서므로 생략하겠다.

동물이 살아남기 위해서는 먹이를 찾는 일과 자신이 잡아먹히지 않는 것이 중요하다. 따라서 외부로부터 여러 가지 정보를 획득하여, 이것을 처리하여 자신의 행동을 결정해야 한다. 이를 위해서는 외부의 정보를 받아들이는 세포 (감각기관), 외부에 행동을 가하는 세포 (운동기관), 그리고 정보를 처리하여 행동을 결정하는 세포계가 필요하다. 그 중에는 기억을 보유하는 세포계도 포함될 것이다. 동물은 진화의 법칙에 따라 중추신경계에 해당하는 뇌를 만들게 되었다.

생명은 바다에서 탄생했다고 한다. 거기서 다양한 변화를 거쳐, 육지로 올라왔다.

캠브리아기에는 캠브리아 폭팔에 의해 기묘하고 다양한 생명체가 발생했다. 육지에 올라온 동물은 대형화되어 공룡에 이르렀다. 2억년 정도 전부터 거대한 공룡이 육지를 활보하는 번성기를 이루었다. 그러나 6500만년 정도 전에 거대한 유성이 떨어져 지구환경이 격변하고 공룡의 대부분이 멸종하였다. 환경변화에 의한 생물의 멸종은 수차례 발생하였다고 한다. 이 때 멸종을 피한 포유류가 진화하여 인류로 발전한 것이다.

인류의 발걸음

포유류는 대형화하여 많은 종으로 나누어졌고 그 중 원숭이(영장류)로 진화한 무리로부터 유인원이 탄생하였다. 2000만 년 정도 전의 일이다. 그리고 대략 700만 년 전에 침팬지와 인류가 동일한 선조로부터 분리되어 인류의 탄생에 이르렀다. 인류는 원인(猿人, 오스트랄로피테쿠스), 원인(原人), 고생인류, 그리고 현재의 우리가 속한 현생인류로 발전한다(그림 1-4). 이와 함께 뇌도 커져서 복잡한 정보처리가 가능하게 되었다.

인류의 진화 계통은 자바원인이나 북경원인(약 50만 년 전) 등의 이름에서 알 수 있는 것처럼 복잡하고 전 세계에 퍼져 있다. 언제부터 언어를 사용했는지는 확실히 알 수 없으나, 그들은 직립 이족 보행을 하고, 도구를 사용하고, 100만 년 정도 전부터 불을 사용했다고 한다.

네안데르탈인이라고 부르는 고생인류는 50만 년 정도 전에 아프리카에서 현생인류의 선조와는 다른 계통으로 분기하여 유럽 등으로 진출하였다. 한 편으로 현생인류는 20만 년 정도 전에 아프리카에서 태어나, 6만~7만 년 정도 전에 중동을 경유하여 전 세계로 퍼져나갔다고 한다. 그 전에 토바호의 대 분화나 빙하기의 영향으로 인류는 일시적으로 1만 정도까지 인구가 감소하여 멸종의 위기를 맞았다는 설도 있

■ **그림 1-4.** 인류의 진화. 왼쪽부터 원인(猿人), 원인(原人), 고생인류, 현생인류 (현대인)

다. 전 세계 걸쳐서 존재하는 현생인류들의 유전적 차이가 크지 않은 것을 볼 때, 한 번의 병목 단계를 거쳐서 유전자들이 선별된 것으로 볼 수 있겠다.

현대인과 가장 유사한 종이었던 네안데르탈인은 4만 년 정도 전까지 현생인류와 공존하였다. 네안데르탈인의 유전자배열이 해독되었는데, 그로부터 현생인류와의 사이에서 유전자 교잡이 있어 유전자에 공통의 부분이 있음이 밝혀졌다. 교잡의 정도에도 지역차가 있는데, 동아시아 쪽이 상대적으로 높다고 한다. 한편, 네안데르탈인과 계통이 약간 다른 데니소바인이라고 불리는 고생인류, 그리고 중국에서 독자적으로 진화한 고생인류도 있었다고 한다. 이러한 사실들은 매우 흥미롭기는 하나, 여러 가지 설이 존재하여 확실히 밝혀진 것은 아니다.

현생인류와 고생인류 사이에는 유전적인 교잡 뿐 아니라, 석기 등의 문화적인 교류도 있었다. 그들은 죽은 자를 매장하는 등, "마음"을 가지고 있었으며 문화도 보유하고 있었다. 언어를 사용했다는 설도 있다.

왜 그들(고생인류)이 멸종하고 우리들(현생인류)이 살아남았을까. 고생인류에서 현생인류로의 인류의 교대극은 문화인류학이나 고고학 분야에서 흥미롭게 다루어지는 과제이다. 하나의 작업가설은, 뇌의 학습능력의 차이에서 이유를 찾고자 하는 것이다.

학습에는 독창적인 발상으로 새로운 도구나 기술을 획득하는 개별학습과, 이러한 발명이 사회적으로 확산되어 정착하는 사회학습이 있다. 이러한 관점에서 교대극의 전모를 밝히고자 하는 시도가 일본에서 이루어지고 있다.

사람은 어떻게 "마음"을 가지게 되었나

현생인류는 6만~7만 년 전에 아프리카에서 중동으로 진출하여, 이후 5만 년 전에는 유럽, 그리고 아시아, 오스트레일리아에로 퍼져나갔다. 이어서 3만 년 전에는 아프리카대륙으로 진출하였다. 실로 놀라운 속도라고 할 수 있다.

20만 년 전에 아프리카에서 발생한 현생인류의 놀라운 "대약진"은 5만 년 전부터 시작하여 1만 년 전에는 농업이 활발해지고, 국가가 형성되어 문명이 발생하였다. 현생인류가 탄생하여 20만 년 전부터 15만 년 동안은 그만큼 놀라운 발전은 없었지만, 마지막 5만 년 동안 발전이 가속적으로 진행된 것은 무엇 때문일까? 그 사이에 유전적인 변화가 있었던 것인지, 아니면 잠재적인 능력을 품고 있던 뇌가 문명의 발생과 함께 그 자극을 받아 가속적으로 개화한 것인지, 답을 알 수 없는 질문이다.

우리들은 마음을 자기고, 마음이 명령하는 대로 행동한다. "의식"이라고 해도 좋다. 이것은 물론 뇌가 만들어 내는 것이다. 인류는 육체적으로는 사자나 코끼리에 뒤떨어진다. 그렇지만 사회생활을 누리고, 살아남기 위해 사람들의 협력을 활용하였다. 공동으로 작업을 하기 위해서는 자신의 의도를 다른 사람에게 전달해야만 한다. 이를 위해서는 자기 스스로 자신의 의도를 알아야 할 필요도 있다.

이를 통해 의식이 생겨나고, 또 의도를 전달하는 수단으로서 언어가 발달하였을 것이다. 언어는 논리적인 사고에 있어서도 중요하다. 우리의 뇌는 이를 구사하는 능력을 가지게 된 것이다.

뇌가 불러온 새로운 문명

1만 년 전의 지구 온난기 이후에, 생산력이 확대되어 인구가 증가하고 동물의 가축화와 농업이 시작되었다. 정착생활이 늘어나고 문명이 발생하였으며, 사회가 강대해 짐에 따라 "국가"라고 불리는 모임이 출현하였다.

문명은 사회제도나 농업기술 뿐 아니라 예술이나 과학에도 영향을 준다. 수학과 같이 생존에는 직접적으로 관계가 없어 보이는 능력이 사람의 뇌 안에 갖추어 지게 되었다. 수학은 세계각지에서 발전하였는데, 한 예로 유물로 남겨진 점토판의 해독 결과에 따르면, 지금부터 5000년 정도 전에 바빌로니아에서 피타고라스의 정리에 상응하는 원리가 알려져 있었다고 한다.

농업혁명이 시작된 후 증기기관과 기계기술을 중심으로

하는 제 1차 산업혁명, 전력과 중공업의 제 2차 산업혁명, 컴퓨터를 추축으로 하는 제 3차 산업혁명이 있었고, 사회는 그 모습을 변화시켜 왔다.

현대의 문명에는 민주주의 사회와 독재체제 사회가 있고, 자본주의와 그 폐해라고 할 수 있는 끝없는 격차의 확대 문제를 안고 있다. 과학과 기술은 국가의 중심에 편입되어 부와 패권을 향하여 결렬한 경쟁을 반복하고 있다. 이러한 문명은 과연 어디로 가는 것일까(그림 1-5).

고대에서부터 다수의 문명이 흥하고, 또 붕괴되어 갔다. 현재도 문명은 큰 모순을 잉태하면서 발전하고 있다. 인류사회를 생각함에 있어서 물질의 법칙과 진화의 법칙에 더하여

■ **그림 1-5.** 문명사회와 기술의 발전

마음과 문명의 법칙을 생각하지 않으면 안 될 것이다.

때마침 제 4차 산업혁명이 화제로 떠올라, 컴퓨터네트워크 상에 대규모의 지식데이터가 집적되고 인공지능과 결합하여 새로운 문명의 가능성을 탄생시키고 있다. 2045년에는 인공지능이 인간의 지능을 능가하는 기술적 특이점(singularity)이 도래할 것이라고 예상되고 있어, 이는 "2045년 문제" 라고 불리면서 화두에 오르고 있다. 그 즈음에는 로봇이 인간이 가진 마음까지도 가질 수 있을 것이라고 예상되고 있다.

뇌과학은 뇌의 생리적인 시스템을 밝히는 것 뿐 아니라, 그 정보처리의 구조와 그것이 만들어 내는 마음까지 밝히는 것을 목적으로 하는 종합적인 인간과학이다. 그로부터 밝혀지는 결과들은 사람이 만들어 내는 현재 문명에도 형향을 줄 것임에 틀림없다.

제2장

"뇌"란 무엇일까?

우리의 뇌는 1000억 개의 신경세포로 가득 차 있어서 이들이 우리의 생각을 책임지고 마음을 담당하고 있다. 그렇다면 뇌라는 것은 어떤 기관일까? 최신 연구들에서 밝혀진 뇌의 메카니즘을 소개한다.

뇌 · 마음 · 인공지능

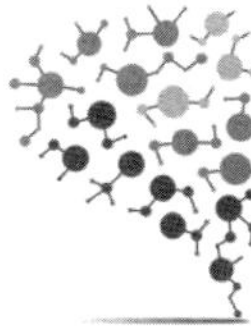

생각을 책임지는 뇌는 "컴퓨터" 시스템이다?

뇌는 1000억 개의 뉴런(신경세포)으로 이루어진 거대한 회로망으로, 두개골 안에 들어있다. 사람의 뇌는 무게가 약 1.4kg, 용적 1400cc 정도로, 네안데르탈인의 뇌가 현생인류보다 조금 더 컸다고 한다. 뇌는 대뇌, 소뇌, 뇌간의 세 부분으로 구분되고 각 부분은 다시 세분되어 진다(그림2-1). 뇌간은 기본적인 생명유지 장치로, 호흡 등의 자율신경기능의 중추이며 수면과 각성을 제어하고 외부로부터 대뇌로 들어오는 정보나 대뇌로부터 외부로 나가는 정보의 경로가 된다. 뇌간은 가장 오래전부터 발달된 부위이다.

소뇌는 후두하부에 있는데, 뇌의 10% 정도의 무게에 지나지 않지만 뉴런의 수는 가장 많아서 800억 개로 알려져 있다. 지각과 운동제어를 담당하고, 대뇌와 협조하여 움직인다.

대뇌가 충분한 시간을 거쳐서 획득한 운동기능은 소뇌로

이동되고 루틴화 되어 빠르게 처리할 수 있게 된다. 대뇌의 정보를 소뇌로 이동하기 위해서는 학습기능이 필요한데, 소뇌에서 이루어지는 학습이 일본의 뇌과학자 이토 마사오에 의해 밝혀져, 뇌의 학습에 대한 연구에 있어서 하나의 돌파구가 되었다.

대뇌는 진화의 과정에서도 가장 느리게 발달한 부위로, 사람에 이르러 특출한 발전을 이루었다. 대뇌는 대뇌피질, 대뇌기저핵, 해마, 편도체 등을 포함하며, 200억개 정도의 뉴런으로 이루어져 있다. 대뇌는 인지, 사고, 언어, 운동계획과 제어, 기억 등의 기능을 담당하며, 고차의 정신기능이 여기에서 이루어진다.

사람의 대뇌피질은 표면적이 2000~2500cm^2 (신문지 1면 크기) 이고 두께가 2~3mm 인 시트로 이루어져 있고, 이것이 접혀져서 두개골 안에 들어가 있다. 이 대뇌야 말로 우리의 사고를 담당하는 "컴퓨터"가 된다.

해마(그림 2-7)는 바다의 동물 "해마 (히포캠퍼스)"의 모양을 하고 있어 그 이름대로 불리어 지고 있는데, 기억과 관련된 아주 중요한 부위이다. 또한 대뇌기저핵은 대뇌피질과 협조하여 운동계획과 조정, 동기부여 등을 담당하여, 뒤에서 설명하게 될 "강화학습"이 일어나는 곳이기도 한다. 편도체는 감정에 관여하고 있다. 뇌간에 있는 시상은 대뇌피질의 특정

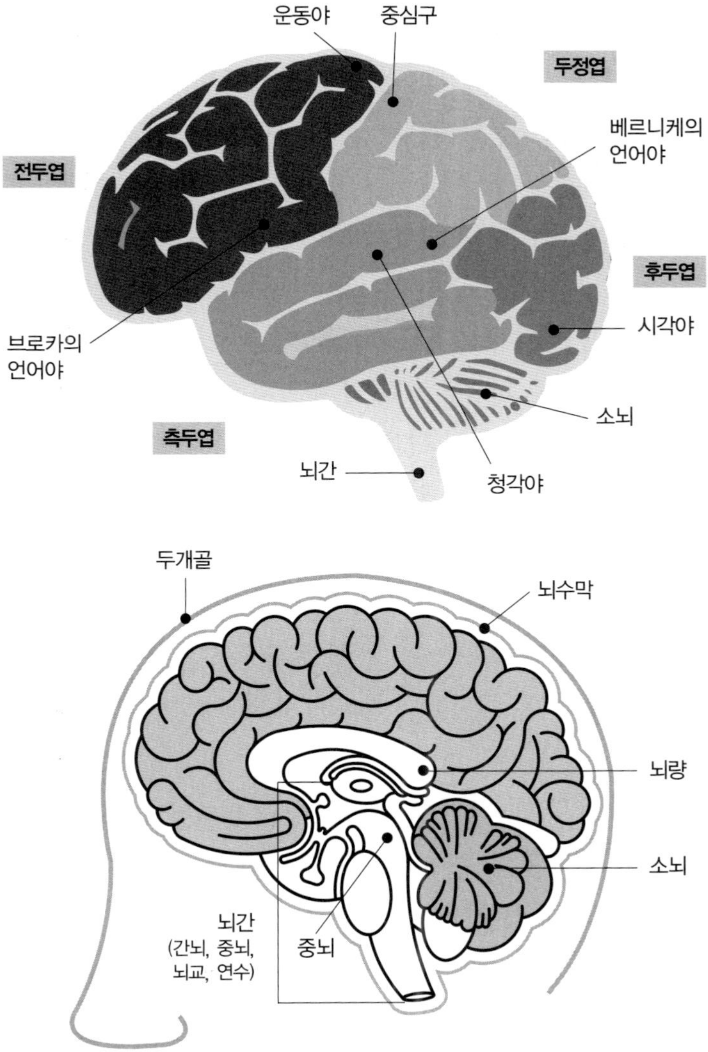
운동야
중심구
두정엽
전두엽
베르니케의
언어야
후두엽
시각야
브로카의
언어야
소뇌
측두엽
뇌간
청각야
두개골
뇌수막
뇌량
소뇌
뇌간
(간뇌, 중뇌,
뇌교, 연수)
중뇌

■ **그림 2-1.** 뇌의 영역

부위와 연계루프를 만든다. 이 루프가 의식형성의 핵심이 된다는 설이 있다.

대뇌피질은 우뇌와 좌뇌로 나뉘고, 이들은 뇌량이라고 불리는 연결통로를 통해 밀접하게 연결되어 있다. 대뇌피질은 전두엽, 두정엽, 측두엽, 후두엽으로 나뉘고, 나아가 이것들이 시각야, 청각야, 언어야, 운동야 등의 많은 영역으로 세분되어 있다. 뇌는 외부의 정보를 받아서 전담 부위를 사용하여 이것을 처리하고, 또한 각 부위의 정보를 종합하여 필요한 결론을 출력하는 고도의 병렬컴퓨터이다. 다만, 각각의 부위가 독립적으로 움직이는 것이 아니라 영역 간에 밀접한 결합이 있어 전체적으로 협력하면서 움직인다.

대뇌피질에서 각 영역이 서로 다른 기능을 담당하는 것을 "기능국소화"라고 한다. 가장 뚜렷한 것은 우뇌와 좌뇌의 기능국소화이다. 좌뇌는 논리적인 사고나 언어 등을 담당하고, 우뇌는 지각이나 감성 등의 직관적인 정보처리를 한다고 알려져 있다. 그러나 양쪽 영역은 결코 분리될 수 있는 것이 아니며, 우뇌와 좌뇌는 밀접하게 결합되어 일체로 움직이고 있다고 보는 것이 옳겠다.

재미있는 점은, 여성의 뇌는 남성의 뇌에 비하여 뇌량이 두껍고 약간 짧다는 것이다. 이 때문에 좌우뇌의 정보교환은 여성쪽이 민첩하고 빠르다고 알려져 있다. 실제로 언어 등의 기능국소화는 남성이 더욱 심하여, 여성은 언어도 양쪽의 뇌를 사용하여 처리한다고 한다.

여성이 수다를 즐기고, 또한 뛰어난 여성작가가 많은 것도 언어를 양쪽 뇌로 처리하는 것이 뛰어나기 때문인지도 모르겠다. 그러나 이러한 차이를 개개인에까지 확장하여 생각하는 것은 정당성을 얻기 힘들다. 남녀의 차이는 기본적으로 매우 적다.

1000억 개의 뉴런은 무엇을 하고 있을까?

뇌는 1000억 개나 되는 뉴런(신경세포)을 결합한 거대한 시스템이다. 뉴런은 정보처리라는 특화된 기능을 가진 세포이지만, 일반적인 세포와 동일하게 세포막으로 둘러싸여 있고 내부의 세포핵에 유전정보인 DNA가 들어 있다. 그러나 그 형태는 매우 다양하여 형태에 따라 "피라미드 세포", "성상세포", "과립세포" 등으로 분류된다. 세분하면 수십 종류에 달한다.

뉴런은 작은 것은 수 마이크로미터(μm)이고 큰 것도 100μm에 불과하다. 100μm는 0.1mm에 해당되므로, 우리가 감각으로 알 수 있는 범위이다. 컴퓨터칩의 트랜지스터 게이트는 현재 수십 나노미터(nm)의 단계에 진입하였음을 볼 때, 뇌의 소자는 컴퓨터 소자에 비해 매우 크다고 볼 수 있다.

뉴런은 다른 많은 뉴런들과 결합한 네트워크를 형성하여 정보를 처리한다. 1개의 뉴런은 세포체(소마)와, 입력정보를 받아들이는 수상돌기(덴드라이트), 정보를 출력하는 축삭(액손)으로 이루어져 있다(그림 2-2).

수상돌기는 말 그대로 세포 본체로부터 나무 모양으로 펼쳐진 가지들을 많이 뻗어 다른 뉴런으로부터의 신호를 받아들인다. 하나의 뉴런이 받아들이는 신호는 평균적으로는 수천, 많은 경우 1만 개까지에도 이르므로, 가지형태로 영역을 펼치지 않으면 다른 많은 뉴런으로부터의 정보를 받아들이는 것이 불가능하다. 때문에 나뭇가지 형태를 가지게 되었다.

축삭은 뉴런으로부터의 출력정보를 다른 뉴런으로 전달

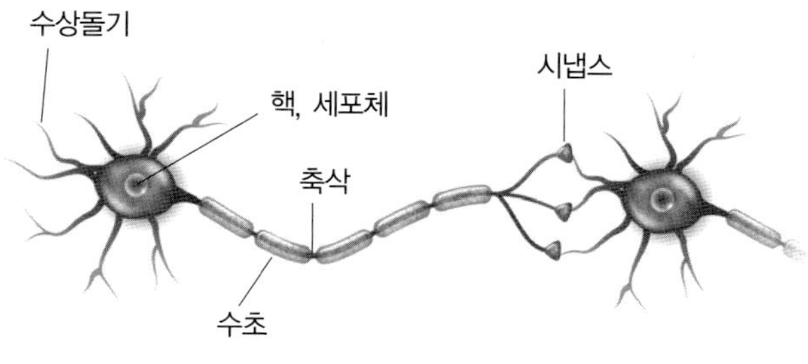

■ **그림 2-2.** 뉴런과 그 결합

하는 신경섬유이다. 하나의 뉴런으로부터의 출력은 한 번에 한 개로, 1개의 축삭이 뉴런으로부터 뻗어 나오나, 이것이 도중에 분기되어 수천 개의 다른 뉴런과 결합하여 그 뉴런들에게 동일한 정보를 전달한다.

뉴런이 전달하는 정보는 전기적 펄스의 형태를 띠고 있다. 뉴런의 내부는 평상시에는 외부보다 70mV 정도 낮은 전위를 유지하고 있다. 그런데 외부로부터 신호가 들어오면, 어떤 신호는 전위를 올리는 작용을 하고, 다른 신호는 전위를 낮추는 작용을 한다. 전위를 올리는 작용을 하는 세포 결합을 흥분성 결합이라고 하며, 낮추는 작용을 하는 결합을 억제성 결합이라고 한다. 그 결과, 전체적으로 흥분성 정보 쪽이 강하면 전위가 올라간다.

1개의 뉴런에서 약 20mV 정도 전위가 올라가게 되면 이것이 기폭제 역할을 하여 급격하게 전위가 100mV정도로 상승하게 된다. 상승하는 시간은 0.1초 정도에 지나지 않는다. 이것을 뉴런의 "흥분(혹은 발화)"이라고 하고, 이 때, 축색에는 전위 100mV, 시간폭 0.1초의 전기펄스가 되어 다른 뉴런에 전달된다(그림 2-3).

뇌의 정보는 뉴런의 흥분(발화)으로 이루어지므로, 컴퓨터와 마찬가지로 뇌의 정보도 세포가 발화했는지 여부, 즉 1 또는 0의 디지털 정보로 이루어져 있다고 생각할 지도 모르겠

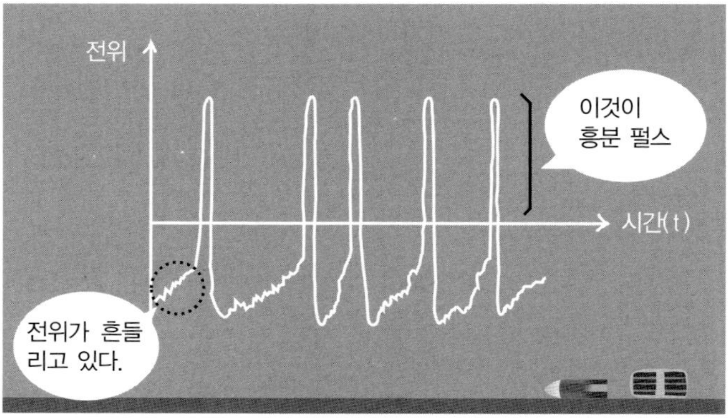

■ **그림 2-3.** 전위의 상승과 흥분
뉴런은 다른 다수의 뉴런의 흥분펄스를 시냅스를 통해 받아, 그 전위가 변동한다. (가로축 t는 시간). 이것이 상승하여 일정치에 달하면 흥분펄스가 발생한다.

다. 그러나 사실은 발화의 비율, 즉 1초 동안 몇 회 발화하는지를 나타내는 발화율을 사용하여 아날로그 값으로 나타내는 것도 가능하다. 발화 여부라는 이산신호를 사용하되 그 빈도를 아날로그 정보로 표시하는 것이다.

뉴런은 그 수가 아주 많다. 이것들이 협력하여 동작하므로, 뇌 안의 정보는 어떤 뉴런이 발화하고 어떤 것이 침묵하고 있는 지로 결정되는 흥분 패턴으로 표현된다. 이 패턴이 뉴런의 상호작용에 의해 시간과 함께 변화하여 발전해 간다. 이것이 뇌의 정보처리가 된다.

만약 뇌의 뉴런 하나하나 마다 전구를 하나씩 붙여서 밝힌다고 가정하면, 발화의 패턴과 그 변화를 외부에서 볼 수 있을 것이다. 전구는 아니지만, 발화하는 뉴런을 밝게 보이게 하는 기술(광유전학)이 개발되어, 뇌정보의 관측에 도움이 되고 있다. 이에 대해서는 이 장의 뒷부분에서 소개하겠다.

발화율 뿐 아니라 발화 시기의 미묘한 시간차이에 뇌의 정보를 포함시키는 것도 가능하다. 특히 몇 개의 뉴런이 같은 시기에 동기하여 발화하는지, 아니면 각각 따로따로 시간차를 두고 발화하고 있는지에 따라 발화율(발화빈도)이 같아도 그 효과에는 차이가 발생한다.

뇌에서는 공간에 분포하는 발화패턴 뿐 아니라, 발화의 시간차 패턴도 역할을 담당한다. 특히 뒤에서 소개하게 될 발화의 리드미컬한 진동이 중요한다.

앞에서 설명한 것과 같이, 뉴런에는 다른 뉴런을 흥분시키기 위해 전위를 높이는 것과, 반대로 흥분을 억누르기 위해 전위를 낮추는 것이 있다. 그 효과는 축삭이 다른 뉴런의 수상돌기와 연결되는 시냅스라고 불리는 곳에서 결정된다.

일반적으로는 뉴런의 종류에 따라 발화펄스가 흥분성으로 작용하는 흥분성뉴런과 억제성으로 작용하는 억제성뉴런으로 이분된다. 또한 뉴런들 사이의 결합에는 시냅스를 통하지 않고 직접 전기적인 효과를 가져 오는 "갭 시냅션"이라고 불리는 결합도 있으나, 이 부분은 여기서는 생략하겠다.

시냅스는 대화한다!

뉴런들 사이의 정보 교환, 즉 "대화"는 한 개의 뉴런의 발화가 시냅스를 통해 다른 뉴런을 변화시키는 것에서 시작한다. 여기에는 흥분성도 있으며, 억제성도 있다.

하나의 전기적 펄스가 왔을 때, 그에 따라 전위를 어느 정도 상승(강하)시킬 것인지를 정하는 강도를 "시냅스효율" 또는 "시냅스결합의 강도"라고 한다. 강도가 강할수록 효율이 높다. 뇌가 유연하게 움직이고 있는 것은 이 시냅스 결합의 강도를 필요에 따라 자동적으로 변화시켜가기 때문이다. 이것을 "시냅스의 가소성"이라고 한다.

우리의 뇌는 상황에 맞추어 그 동작을 잘 변화시켜 간다. 이것을 학습이라고 하며, 이에 더하여 과거의 경험을 기억으로 쌓아가는 것도 가능하다. 이러한 학습과 기억의 바탕에 있는 것이 시냅스의 가소성이다.

그림2-4에 보이는 바와 같이, 결합의 앞에 있는 뉴런으로부터 시냅스의 전기펄스 한 개가 도착하면, 그 축삭의 말단에서 화학물질이 흘러나온다. 이것이 시냅스에 작용하여 목표한 뉴런의 전위를 올리거나 내린다. 시냅스에는 이 화학물질을 받아들이는 수용체가 몇 가지 존재하여, 효율을 변화시키거나 수를 증감시키는 방식으로 시냅스 가소성을 실현한다.

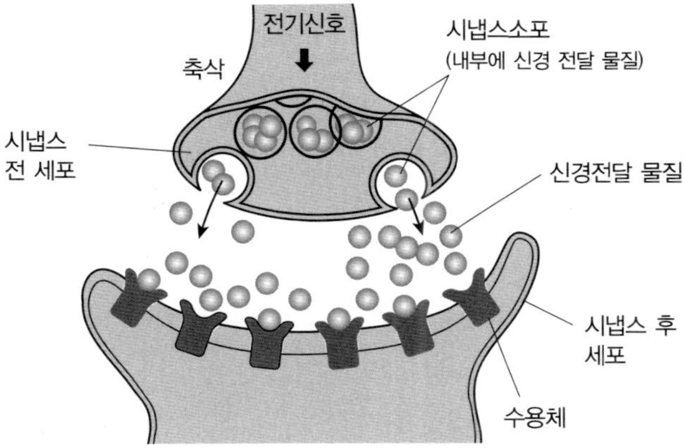

■ **그림2-4.** 뉴런의 연결부분에 존재하는 시냅스

여기에는 수용체를 구성하는 물질도 관여하므로, 최종적으로는 핵에 있는 DNA의 유전정보를 읽어서 아미노산을 만들어내 정착한다. 이러한 과정은 분자생물학이나 게놈 과학에서 밝혀졌다. 결국 뇌는 미시적으로 보면 분자가 활약하는 분자기계로 볼 수 있다.

자기조직화, 그리고 신기한 임계기

우리는 하나의 수정란으로부터 만들어진다. 그 안에는 게놈 정보가 포함되어있다. 세포내부의 화학물질의 상호작용에 의해 분할이 반복되어 세포 수가 증가해 가는데, 어떻게 늘어날 것인지는 유전정보와 화학작용에 의해 결정된다. 분할이 계속되어 많은 수의 신경세포가 만들어지고 이것이 이동하여 제자리에 배치되고, 그 후에 뉴런들을 결합하는 배선이 시작된다. 축색이 가지를 뻗고, 목표하는 뉴런의 수상돌기에 도달하여 결착하면 배선이 완료 된다.

선충과 같은 원시생물의 경우에는 유전자 내에 배선 정보가 모두 기록되어 있어 그대로 행해지게 된다. 따라서 모든 선충은 완전히 동일한 결합을 하고 있고 같은 회로를 가진다. 그러나 우리의 뇌는 훨씬 복잡하여 그 결합 정보(배선도)는 유전정보에 비해 훨씬 더 많다. 따라서 유전정보는 결합의 대략적인 지시사항을 전달할 뿐, 그 후는 랜덤하게 가지를 뻗어가면서 적당히 연결되어 간다. 뉴런의 수도, 결합도 처음에는 필요이상으로 많다.

그 후에 발생하는 일이 "자기조직화"이다. 만들어진 직후의 뇌는 외부나 내부의 정보를 이용하면서 필요한 배선이 있으면 그것을 더욱 강하게 하고, 사용하지 않는 결합은 불필요하다고 판단하여 소거시킨다.

필요 없는 뉴런들은 서서히 사멸하고, 필요한 것들만 남아서 슬림한 뇌가 만들어 진다. 따라서 유전정보가 완전히 동일한 쌍생아의 경우에도 뇌는 각각 서로 다르다.

외부세계의 정보 구조에 의해 주로 발생되는 전형적인 정보들에 대해, 이를 적절히 빠르게 처리하는 회로를 뇌 내부에 만들어감에 있어서 주요한 역할을 하는 것이 자기조직화이다.

시각계에서는, 눈으로부터 들어온 정보가 우선 대뇌시각야에서 분석된다. 여기서는 먼저 영상을 구성하는 물체의 선분(윤곽선 등)과, 동영상이라면 선분의 움직임이 추출되고, 이어서 고차원의 특징이 차례로 추출된다.

그러나 생후의 어느 시기(4~6주간)에 외부로부터 선분 신호가 들어오지 않으면, 이는 필요 없는 것으로 간주되어 선분의 기울기를 검출하는 세포가 형성되지 않는다. 예전에는 미숙아가 산소의 농도가 높은 보육기에 넣어질 때 산소가 눈에 나쁜 영향을 줄 지도 모른다고 생각되어 안대를 씌웠다. 그러나 이렇게 하면 뇌의 발달에 문제가 생긴다는 것이 알려진 지금은 안대를 씌우는 일은 하지 않는다.

뇌의 기본적인 기능은 자기조직화가 진행되어 완성된다. 뇌 발달의 과정에는 임계기(감수성기)가 있어서, 특정 시기에 특정 조직이 발달한다. 시각에서 선분의 기울기나 양안의 협력에 의한 입체시각 등의 임계기는 생후 4~6주째이다.

소리를 듣는 청각과 관련해서는, 신생아는 다양한 모음에 감수성을 가지고 있다. 스스로 말을 하지 못해도 특정 언어 환경에서 자라나면 그 언어의 소리에 대한 감수성이 증가함과 동시에 사용되지 않는 모음은 듣고 구분하는 능력을 갖지 못하게 된다. 청각의 임계기는 생후 7~8개월 정도라고 한다. 일본인의 모음은 비교적 단순하므로, 일본어에 적응해버리면 외국어의 습득에 불리해지는 것이다.

예를 들어 영어의 "L"과 "R"의 구별도 마찬가지로, 왜 이렇게 간단한 구분도 못하느냐고 영어권 사람들은 이상하게 생각한다. 저자도 미국에 갔을 때, 농담반 진담반으로 Marilyn Monroe(마릴린 몬로)를 발음해 보라는 말을 듣고 곤란해진 기억이 있다.

언어의 습득에도 임계기가 있다. 보통은 2세 정도부터 말을 하기 시작하여 3세가 되면 능숙해 진다. 모국어와 별개로 제 2 국어의 습득은 어떨까? 제 2 국어를 학습하여 bilingual(이중언어 구사 가능)이 되기 위해서는 8~9세까지는 습득해야 한다고 알려져 있다. 그러나 4~5세의 유아기에는 외국에서 생활하면 바로 그 언어가 유창해지나 귀국하면 순식간에 잊어버리게 된다.

다만 임계기가 절대적이라고 믿는 것은 아니다. 저자가 학생이었을 때는 학교에서 배우는 것은 문법위주여서 발음을 배운 기억은 없다. 그래도 지금은 서툰 영어로라도 토론을 하고 내 주장을 펼치는 것이 가능하다. 성인이 되어서 외국어를 학습하여 달인이 된 사람도 많다. 뇌는 대단히 유연하여 언제든지 환경에 적응하도록 자신을 만들어가는 능력, 즉, 가소성을 가지고 있기 때문이다.

뇌의 발달은 특히 사춘기 후의 20세 정도까지 계속된다고 알려져 있지만, 그 이후에도 가소성이 없어지는 것은 아니다. 기억능력도 계속 유지된다. 뇌졸중 등으로 뇌의 일부가 파괴 되어도 재활을 통해 다른 부분이 그 기능을 대행하도록 변화해 가서 어느 정도는 회복 가능하다. 젊을 때는 이것이 훨씬 용이하여 언어야가 모두 파괴되어도 다른 부위가 이를 대신할 수 있다.

대뇌피질은 병렬컴퓨터이다

대뇌피질은 두께 2~3mm인 신문지 1면 분 정도의 시트와 같다고 앞에서 설명하였다. 이 시트는 어느 부분을 보아도 기본적으로 동일한 구조를 가지고 있다. 결국 범용 장치라고 볼 수 있겠다.

대뇌피질은 6개 층으로 나누어져, 각 층에 여러 종류의 뉴런들이 배치되고 수평방향의 동일 층 내, 혹은 수직방향의 층들 간에 뉴런들이 결합되어 있다. 또한 시트를 0.5mm 간격으로 나누면 각각이 수직(두께) 방향으로 기둥 형태가 되는데, 이것이 "컬럼"이라고 불리는 단위로, 전체 면에 많은 컬럼들이 쭉 나열되어 있는 형태라고 볼 수 있다. 각 컬럼이 하나의 기능을 담당하여 입력된 정보를 내부에서 처리하여 다른 부위로 전달해 간다(그림 2-5).

대뇌피질은 많은 영역으로 나누어져 각각이 특유의 기능을 담당하고 있다. 시각정보는 제1차시각야에서 먼저 분석되어 다음 시각야로 넘겨지고, 순차적으로 고차의 영역으로 전달된다.

이렇게 입력정보의 분석이 진행되면 연합야에서 다른 관련정보와 결합된다. 이어서 전두야에서 종합적인 판단이나 계획이 세워지고, 그 정보가 운동야로 전달된다. 여기서 대뇌기저핵이나 소뇌와 협력하면서 세부적인 운동계획이 세워지고, 운동의 실행이 이루어진다.

청각이나 촉각 등에 대해서도 같은 방식으로 처리된다. 이렇게 보면, 뇌는 고도의 분화되고 국소화된 병렬컴퓨터라고 볼 수도 있겠다. 게다가 정보가 여러 계층을 거쳐서 처

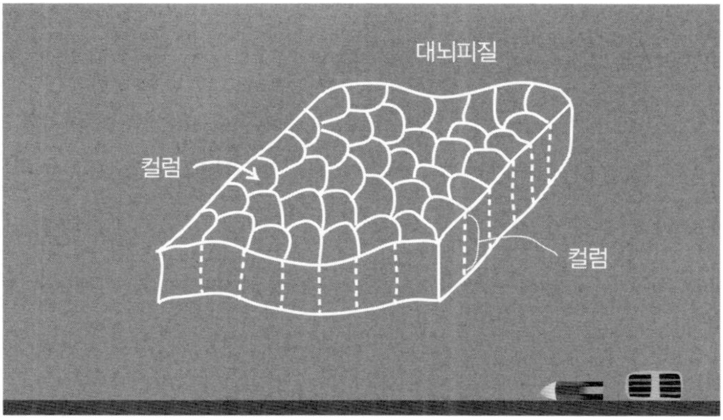

■ **그림 2-5.** 대뇌피질과 컬럼
대뇌피질은 두께 2~3mm로 구불구불하게 주름진 시트 형태를 띠고 있으며, 컬럼 형태의 작은 영역으로 구분되어 각 기능을 담당하고 있다. 여기서 정보가 처리되어 다른 부위에 전달된다.

리되는 계층 컴퓨터이기도 하다. 서로 다른 영역들 사이에도 밀접한 결합이 있으므로 각 부위가 독립적으로 정보를 처리하는 것이 아니라 전체가 함께 움직이는 병렬컴퓨터인 것이다.

또한 각 계층 내부에서의 결합은 물론, 상위 계층에서 하위계층으로 흐르는 역방향의 결합도 존재한다. 이러한 피드백 결합이 풍부하게 존재하기 때문에 전체가 동적으로 연결된 다이나믹스에 의해 지배되는 동적 병렬 컴퓨터가 된다.

대뇌피질의 단위소자인 뉴런은 기본적으로는 다수결 소

자이다. 즉, 흥분성과 억제성의 여러 입력을 받아 그 합을 계산한다. 그러나 단순한 합이 아니라, 입력 각각에 시냅스 효율을 곱한 가중합을 계산하며, 억제성의 경우는 감산이 된다.

이것을 식으로 표현해 보자. 입력 신호가 x_1, x_2, … x_n으로 n개 존재한다고 하자. 또 이때 입력신호 각각을 받아들이는 시냅스 효율을 w_1, w_2, …, w_n이라고 하자. 그러면 입력의 효과는 $u = w_1x_1 + w_2x_2 + \cdots + w_nx_n$이 된다. 이것을 "가중합"이라고 한다.

이 가중합이 어떤 일정값 h(역치라고 함)를 넘기면 뉴런은 발화하고, 출력 $z = 1$을 낸다. 만약 역치를 넘지 않으면 출력은 $z = 0$이 된다(그림 2-6).

시냅스의 가중치 w에는 양수도 있고 음수도 있다. 양수는 u를 증가시키므로 흥분성, 음수는 감소시키므로 억제성이 된다. 어느 쪽이 될 것인지는 뉴런 각각에 대해 고유하게 정해진다.

사람의 뇌 안에 있는 뉴런의 수는 1000억 (10^{11})개 이다. 만약 이것들 각각이 평균 1000개의 다른 뉴런과 연결되어 있다고 하면, 시냅스의 수는 10^{14}개가 된다. 뉴런들 사이는 축삭에 의해 배선되어, 축삭의 말단이 각 시샙스에 정착한다. 예를 들어 한 개의 축삭이 1000개의 가지로 나누어져 시냅스로 연결된다고 하고, 분기된 부분의 축삭의 길이를 평균

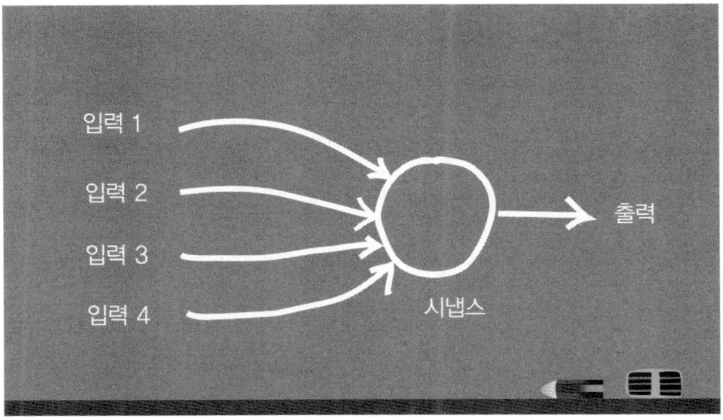

■ **그림 2-6.** 뉴런의 수학적 모델
뉴런은 많은 수의 다른 뉴런으로부터의 신호 (그림에서는 입력 1~4)를 시냅스를 통해 받아들여 이것을 가감하여 답을 출력한다.

0.1mm(100μm)라고 해 보자. 1000억 개의 뉴런으로부터 나오는 1000개의 축삭을 모두 연결해 보면, 그 길이는 총 1000만km가 된다.

지구의 둘레는 약 4만km이므로, 한 사람의 축삭(신경섬유)을 전부 연결해 펼치면 지구를 250번이나 돌 수 있다. 뇌는 배선으로 가득 찬 컴퓨터라고 할 수 있겠다.

기억은 뇌의 어디에 있을까

기억이라고 한 단어로 표현되지만, 사실 여러 가지 종류가 있다. 크게는 "단기기억"과 "장기기억"으로 나눌 수 있다. 장기기억에는 언제 어디서 무엇을 했는지와 같은 에피소드를 저장하고 있는 "일화(에피소드) 기억"과 언제 외웠는지 알 수 없으나 사실로 알고 있는 기억인 "의미(진술) 기억"이 있다. 언어, 수학의 공식, 사람의 이름 등이 이에 해당한다. 그 외에 테니스나 스키 기술, 자전거 타는 법 등의 "절차기억"도 있다.

단기기억도 여러 가지가 있다. 영상이나 언어 등이 입력되면 그것을 분석하기 전에 먼저 그것들을 모으는 1초 미만의 "감각기억"이 있다. 침팬지는 이 능력이 사람보다 뛰어나다. 일단 분석한 결과들을 모아서 이것을 유지하여 행동계획에 연결하는 것은 "작업기억"이다.

책을 읽고 있을 때나 강연을 듣고 있을 때는 정보가 눈이나 귀로 들어온다. 이것을 분석하여 의미를 알게 되면, 흥미롭다고 느끼거나 시시하다고 생각하기도 한다. 이것은 대뇌피질이 정보를 분석하여 처리한 결과물로, 그 과정에서 뇌는 뉴런들이 발화되는 시공간 패턴으로 정보를 모은다. 이것을 작업기억이라고 한다.

대뇌피질에는 지식을 비롯하여 정보를 이해하는 데 필요

한 기억이 저장되어 있다. 이런 관점에서 보면 기억은 대뇌피질이라고 할 수 있겠다. 그것도 각 부위에 제각각의 기능에 관계된 기억이 저장되어 있다.

단기기억, 특히 작업기억은 뇌의 발화의 시공간 패턴으로 유지되므로, 뉴런의 발화를 유지하기 위한 에너지가 필요하다. 이것이 길게 쌓이면 뇌는 발화로 가득차서 과열될 것이 분명하다. 따라서 예를 들어 1시간의 강연을 들었을 때, 내용의 전부를 이해하고 감동했다고 해도 그 전부를 뉴런의 발화 형태로 유지하는 것은 불가능하다. 그렇다면 어디에 어떤 형태로 정보를 쌓는 것일까?

이에 관계되어 있는 것이 해마이다. 해마는 뇌의 내부에 있고 물음표에서 아래 점을 땐 모양 같기도 하고, 해마라는 바다 동물과 같은 형태를 하고 있다(그림 2-7).

입력을 분석하는 정보경로로부터 보면, 해마는 전두야와 나란하게 계층의 최상위에 위치하고, 분석이 끝난 최종 결과를 받아들인다. 그 후에는 정보가 고차원의 판단이나 결정, 운동계획 등의 답을 실행에 옮기는 출력계로 옮겨 간다.

단기기억의 정보는 먼저 해마에 들어가 쌓인다. 그러나 활성화 된 발화패턴 그대로가 아니라 이것이 시냅스의 강약의 패턴으로 변환되어 정적으로 쌓이기 때문에 에너지가 많이 필요하지는 않다.

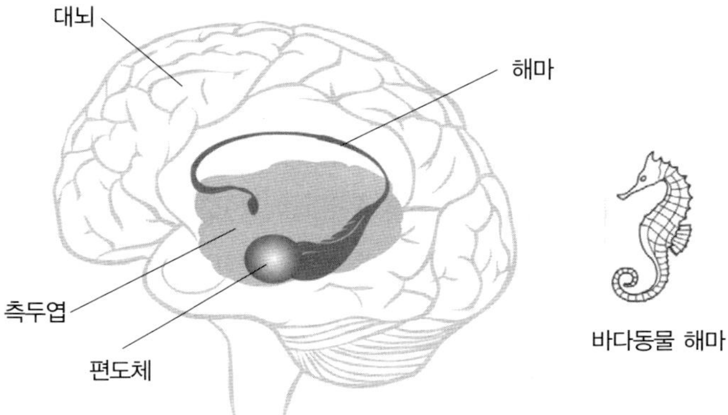

■ **그림 2-7.** 해마.
바다 동물인 해마를 거꾸로 뒤집으면 뇌의 해마와 닮아 있다.

생쥐를 이용한 실험에서, 해마에는 “장소세포”가 있어서 생쥐가 특정한 장소에 들어가면 그 장소에 대응하는 세포가 발화한다는 것이 밝혀졌다.

새로운 장소(예를 들어 미로)에 생쥐를 가져다 놓으면 생쥐는 돌아다니면서 빠르게 장소를 기억한다. 어떤 세포가 미로의 어떤 장소를 담당할 것인지가 결정되고, 생쥐가 거기에 도달한 때에만 그 세포가 발화한다. 장소는 주위의 정경과 결합되어 기억된다. 즉, 주위에 책상, 의자, 꽃 등이 있으면 이러한 사물과 연결하여 장소가 구분되는 것이다.

보다 일반적으로는 해마는 공간이나 사물의 관계를 시냅

스 강도의 형태로 기억한다. 그 후, 책상 등과 같이 키(key)가 되는 표식이 들어오면, 해마의 관련된 뉴런이 그것을 실마리로 하여 발화하고, 기억이 재생된다. 따라서 발화한 형태 그대로의 흥분패턴으로 사물을 기억하는 것이 아니라, 기억된 패턴을 재생하는 "단서"를 정적으로 쌓아 두면 되는 것이다. 힌트가 되는 키 신호가 들어오면 그것을 단서로 하여 뉴런들 간의 상호작용의 다이나믹스에 의해 재생된다. 이에 관해서는 뒤에서도 조금 더 자세히 설명하겠다.

해마의 구조는 컴퓨터의 기억과는 전혀 다르다. 컴퓨터에서는 기억할 내용이 0, 1의 정보비트로 변환되어 있는 그대로의 형태로 기억장치에 쌓인다. 정보를 불러오는 것은 기억장치에 붙어 있는 번지를 단서로 하여 읽어오면 된다.

따라서 잘못된 정보를 불러오는 것은 일반적으로 발생하지 않는다. 인간보다 훨씬 정확하고 빠르고 대량의 기억을 유지할 수 있다. 그러나 불확실한 사항으로부터 관련된 사항들을 읽어오는 것과 같은 연상 작업은 잘 하지 못한다. 이것을 행하기 위해서는 고도의 인공지능 기술이 필요하게 된다.

다시 말하지만, 인간은 있는 그대로의 정보를 뇌에 쌓는 것이 아니다. 필요한 정보를 재생하여 만들어 내는 방법을 기억한다. 이것은 대단한 정보압축이지만 잘 작용하면 매우 유연한 작업이 가능하여 흐릿한 키로부터도 정보를 훌륭하게 만들어 내기도 한다. 그러나 때로는 과도하게 작용하여 착각이나 오해를 하게도 된다. 스스로는 거짓말을 할 생각은 털끝만큼도 없었음에도 착각하는 경우도 생기는 것이다.

기억의 정착과 눈 깜박임의 이유

해마의 역할을 밝히는 데에는 미국의 코네티컷주에 살고 있던 HM라고 불리는 간질환자의 역할이 컸다.

HM은 중증 간질로 생명에 위협이 될 정도였다. 간질의 원인을 조사하니 해마에 있었다. 당시에는 해마가 어떤 기능을 하고 있는지가 밝혀지지 않았고 생쥐의 실험 등에서는 해마를 떼어내도 일상생활이 가능한 것으로 알려졌다. 환자는 목숨이 위험한 상태였으므로 해마를 적출하는 수술을 받게 되었다. 1953년의 일이었다.

수술은 대성공이었다. 수술 후에 시행된 지능검사에서도 지능은 수술 전과 전혀 변함없었다. 대화도 평상시처럼 가능하였다. 그러나 대화를 계속해 보니 의사는 이상한 점을 발견하게 되었다. HM은 1시간 이전의 일을 전혀 기억하지 못하고 있었기 때문이다. 소설의 경우도 전날 읽은 것을 다음날 읽어도 전혀 새로운 이야기인 것처럼 재미있어 했다.

결국, 작업기억은 정상적으로 동작하여 현재 진행 중의 사물을 기억하고 응답이나 판단은 정상적으로 가능하지만, 그것이 장기기억으로 남겨지지 않는 증상이었다.

이로부터 해마는 단기기억을 모아서 이것을 장기기억으로 옮기는 역할을 담당한다는 가설이 세워졌다. HM 이외에도 해마에 손상이 있는 환자는 같은 증상을 나타낸다. 해마에 모여진 기억은 시간을 거쳐서 대뇌피질의 해당 장소에 정리되어 옮겨진다. 대뇌피질에서도, 해마로부터 있는 그대로의 기억이 들어오면 지금까지 쌓여진 장기기억에 모순되는 경우에는 혼란이 발생할 것이다. 정리된 형태로 조금씩 들어오면 지금까지의 기억과 조화시켜서 새로운 것을 주입해 가는 것이다.

또한 운동기억은 이와 달라서, 해마를 경유하지 않고 직접 대뇌피질에 정착한다고 한다. HM도 새로운 작업의 숙련 등 운동 기억은 획득 가능하였다. 예를 들어 "하노이 탑"과 같은 퍼즐에서 손끝의 숙련을 필요로하는 작업은 연습하면 외워서 빠르게 할 수 있다. 그러나 연습하였다는 사실은 일화기억에 속하는 것으로 HM은 기억할 수가 없다.

해마로부터의 정보의 운송은 언제 일어날까. 이는 수면시에 발생하여 정리된 정보를 보내기 시작한다. 운송시에는 실제 시간의 배속정도로 흥분패턴이 빠르게 발생하여 재생되어 대뇌피질로 보내진다고 한다. 또한 시간을 역전하여 재생하는 역전패턴의 발생도 있다고 하나, 이것은 불가사의로, 무엇 때문에 발생하는지는 잘 밝혀져 있지 않다.

우리들이 일상생활을 할 때에도 해마와 대뇌피질은 "대화"를 하고 있다. 우리는 자주 눈을 깜박거린다. 이것은 눈을 촉촉하게 하기 위함이나, 실은 그 이유만이 아니라고 한다. 깜박임의 순간에 해마에서 신호가 발생하여 정보운송이 행해진다고 한다.

눈 깜박임은 신기한 작용으로, 끊임없이 흘러들어오는 시각정보가 눈꺼풀을 닫은 순간 일단 잘려져서, 거기에서 한 묶음으로 정리되어 정보의 처리가 실행된다고 한다. 따라서 사람은 다른 동물과 비교하여 깜박임의 횟수가 많고 영화 감상 등을 할 때의 깜박임은 내용에 맞추어 누구나 같은 지점에서 발생하는 경우가 많다고 알려져 있다.

뇌세포는 새로 생기지 않는다?

해마는 계속해서 새로운 정보를 받아들여 기억하지 않으면 안 된다. 물론 일부 잊어버려도 되지만 그래도 막대한 기억용량이 필요하다. 이 때문에 해마에서는 항상 새로운 뉴런이 생겨서 회로에 추가되는 것이 알려져 있다. 이것이 뉴런의 생성이다.

10년 정도 전까지는 몸의 세포는 끊임없이 재생되지만 뉴런은 특수하게도 탄생할 때 가장 많고, 그 후는 수가 줄어들 뿐이라고 알려져 있었다. 뉴런도 하루에 수십만 개가 죽게 되므로 나이가 들면 기억력이 떨어지는 등의 노화는 피할 수 없다고 말이다. 뉴런이 새롭게 생성되면 좋겠지만, 왜 그렇지 못한가에 대해서는 다음과 같이 설명되고 있었다.

"성인의 뇌는 고도로 조직화되어 여기에는 기억이 쌓여 있다. 만약 새로운 뉴런이 생기면, 그것은 어느 뉴런과도 연결되어 있지 않고, 만약 아무렇게나 결합이 생기면 지금까지의 기억(지식)을 무너뜨리게 된다. 따라서 뇌의 뉴런은 새롭게 생성되지 않는다." 그럴듯한 설명이지만, 이 가설은 틀렸다는 것이 밝혀진 것이다.

해마는 매일 새로운 정보를 일단 외운다. 이것은 일회용일지도 모른다. 따라서 새로운 뉴런을 사용하여 그 결합을 활성화시켜 단기기억으로서 사용하는 것이 좋을 것이다. 일상적으로 세포가 생성되는 것은 뇌 안에서는 해마 뿐 이지만, 대뇌피질에서도 손상과 같은 비상시에는 생성되기도 한다고 알려져 있다.

특수한 기능을 가진 사람은 그 기능에 관계된 해마가 커진다는 논문이 1997년에 발표되어 사람들을 놀라게 했다. 런던의 택시 운전사는 깊숙이 파고든 도로나 막다른 길을 구석구석 모두 기억하고 있다고 한다. 장소의 기억은 해마에 존재한다. 따라서 택시 운전사의 해마의 크기를 측정하면 보통 사람보다 유의한 수준으로 크다는 결과가 얻어졌다고 한다. 음악가 등과 같은 경우, 해당 전문분야에 관계된 대뇌피질의 영역이 확대된다는 것도 알려져 있다.

뇌가 수행하는 3가지 학습시스템

대뇌피질은 인식, 추론, 계획, 결정, 운동의 지령, 제어 등을 담당하고 있다. 이것들이 계층 병렬컴퓨터인 뇌 안에서 행해지고 있다. 이때 학습과 기억을 병행하여 수행하면서 뇌의 기능을 개선해 간다. 기억은 해마와 대뇌피질이 협력하여 상호 커뮤니케이션을 반복해 가면서 수행한다. 그 결과로서 시냅스의 강화나 약화가 발생한다. 이것이 기억의 원리이다.

학습도 마찬가지로, 신경회로망의 동작이 보다 좋아지도록 시냅스의 효율을 변화시킨다. 이를 위한 학습 방법으로 "교사학습"과 "비교사학습(자기조직화)"의 두 종류를 들 수 있다.

"교사학습"이란, 뉴런이 어떤 동작을 했을 때, 다른 뉴런들로부터 교사신호가 들어와 "이러이러한 동작을 해야 한다"고 가르쳐 준다. 이에 따라서 시냅스의 효율을 개선해 간다. 동작이 올바르다면 변화는 발생하지 않는다.

교사신호는 동작을 실행하고 있는 뇌의 부위와는 별개의 부위에서 만들어진다. 예를 들어 대뇌에서 자세하게 분석한 결과를 소뇌로 옮겨서, 소뇌에서는 대뇌를 경유하지 않고 빠른 동작이 자동적으로 행해지도록 하고 싶다. 이 때 소뇌의 교사신호는 대뇌로부터 온다. 동작이 틀릴 때 수정해 가는 것을 반복하므로 이것을 "오류정정학습"이라고도 한다.

한편, 자기조직화는 비교사학습으로, 특별한 교사신호는 들어오지 않는다. 뉴런은 주어진 정보를 처리하면서 스스로 시냅스의 효율을 변화시키지 않으면 안 된다. 그 결과 외부로부터의 정보구조에 잘 들어맞는 처리기능을 획득하여 외부에서 잘 발생하는 신호에 대해서는 보다 빠르고 정확하게 처리할 수 있게 된다. 이러한 시냅스가소성에 관한 원리가 "헤브학습"이다.

이는 심리학자 "헤브(Hebb)"가 주장한 것으로, 신호가 일단 뉴런의 회로망을 통과하면 같은 신호에 대해서는 빠른 처리가 가능하게 된다. 이를 위해서는 신호가 통과할 때 마다 그 경로에 따라서 시냅스를 강화시키면 된다. 다르게 말하자면, 뉴런이 흥분했을 때, 이것을 흥분시키는데 기여한 시냅스는 강화한다. 즉, 각 뉴런 자신이 흥분했는지 여부가 교사신호가 되어 학습이 생해지는 것이다.

물론 뉴런의 흥분여부는 다른 뉴런과의 관계에 의해 회로망에서 결정된다. 따라서 개개의 뉴런이 제각각 독립하여 학습되는 것이 아니라, 회로망이 적절한 교사신호를 만들어 내고 있다고 볼 수 있겠다. 현재는 이 헤브규칙(뉴런이 흥분했을 때 받아들인 입력의 시냅스를 강화시키는 법칙)에 시간차 효과를 넣는 방식도 제안되었다.

교사학습과 비교사학습의 중간에 “강화학습”이 있다. 신경계는 외부로부터의 입력신호에 대해 최적의 행동계획을 세운다. 행동의 결과, 잘 되는 경우도 있고 실패하는 경우도 있을 것이다. 잘 되면 우선 기분이 좋을 것이다. 예를 들어 먹을 것이 손에 들어올 수도 있다. 이것을 “보수”라고 보면, 반대로 실패하면 실망하게 되고 “벌칙”을 받았다고 볼 수 있다.

행동의 결과로서 얻어진 보수가 최대가 되도록(벌칙이 최소가 되도록) 변하기를 원한다. 보수나 벌칙은 최종적으로 얻어지므로, 도중에는 계획이 어느 정도 잘 진행되고 있는지 평가하지 않으면 안 된다. 이 평가를 바탕으로 다음 전략을 선택한다. 각 국면에 대한 평가와 최적의 전략은 모두 학습을 통해 획득하지 않으면 안 된다. 그렇지만 도중에 각 뉴런이 무엇을 했어야 했는지를 알려주는 교사신호는 어디에서도 주어지지 않는다. 주어지는 것은 최종 결과로서의 보수(벌칙) 뿐으로, 이것을 단서로 하여 도중 단계에서 어떻게 동작하면 좋을지를 학습하는 것이다.

이 때 예상한 보수(현재의 국면이 어느 정도 적절한가의 평가를 포함함)와 실제의 보수(실제로 발생한 국면)의 차이를 이용하여 이것을 교사신호로 사용하여 학습을 수행한다.

재미있는 점은, 대뇌기저핵에서는 현 단계에서의 예상보

■ **표 2-1.** 3개의 학습방식

교사학습
회로의 출력을 담당하는 뉴런에 어떤 동작을 하면 좋을지 그 정답 (교사신호)이 주어짐

비교사학습 (자기조직화)
외부로부터의 신호가 주어질 뿐, 무엇을 해야 할 지에 대한 지시는 없음. 회로망은 외부에 어떤 신호들이 있는지를 터득하고 그에 맞추어 스스로 정비함.

강화학습
어떤 뉴런에도 동작을 지시하는 교사신호는 주어지지 않으나, 동작의 결과에 대하여 보수나 벌칙이 주어짐.

다 더 좋은 방향으로 국면이 진행될 때, 다시 말해 기대보다 훨씬 잘 진행되었을 때 도파민이라는 화학물질을 다량 방출하는 뉴런이 있다. 반대로 기대에서 벗어나 국면이 나빠졌을 때는 보통 때보다 적은 량의 도파민이 방출된다. 이것을 단서로 하여 시냅스의 효율을 변화시키는 학습이 행해진다.

이러한 시스템을 강화학습이라 하고, 이는 로봇 등의 학습에도 사용된다. 사람 형상의 로봇이 화제를 불러오면서 뇌와 로봇이 공통으로 사용하는 학습 전략으로서 강화학습에 대한 흥미가 높아지고 있다.

세 개의 학습방식을 표에 정리해 두었다(표2-1).

뇌파에는 왜 리듬이 있을까?

뉴런은 전기활동을 하고 있으므로 뇌에는 전위가 발생하여 시간이 흐름에 따라 변동한다. 위치에 따라 전위가 다르므로, 이를 국소전위라고 한다. 이는 주로 시냅스로부터 나와 수상돌기에 흐르는 전류에 기원하여 그 주위의 뉴런 전체의 활동상태를 반영한다. 이를 외부의 두피에서 관측한 것을 뇌파(EEG: electroencephalogram)라고 한다.

뇌파에는 특유의 리듬이 나타난다. 이는 전위의 진동에

의한 것이다. 안정기에는 10Hz 정도로 진동하는 α파가 많이 나오며 14Hz 정도의 β파도 존재한다. 활동기에는 50Hz정도의 γ파의 진동이 많이 관측된다. 그 외 훨씬 느린 6Hz정도의 θ파 등 주파수가 다른 여러 가지 파동이 활동 상태에 따라 다양하게 나타난다고 알려져 있다.

예전에는 뇌파란 뇌가 정보처리 활동을 수행한 결과로 버려지는 폐기물 같은 것으로, 이로부터는 뇌의 정보처리에 관한 중요한 정보는 얻을 수 없다고 여겨졌던 적도 있었다. 물론, 뇌의 이상과 같은 의료에 관한 정보는 얻을 수 있다. 또한 지금은 뇌파도 사람의 뇌의 활동을 관찰하는 중요한 단서로 여겨지고 있다.

국소전위가 높을 때는 그 부근의 뉴런은 흥분하기 쉬운 상태이고, 반대로 낮을 때는 흥분하기 어렵다. 이와 같이 뇌파의 리듬이 되어 나타나는, 많은 수의 뉴런이 만드는 국소전위는 그 장소의 뉴런들의 활동에 영향을 미치게 된다.

뇌는 리드미컬한 활동을 반복하고 있다. 진동리듬은 한 지점에서 시작하여 전위가 상승하여 정점에 달한 후, 그로부터 하강으로 전환하여 최하위까지 떨어지고, 다시 상승하여 원 상태로 돌아온다. 이것으로 한 사이클이 끝난다. 사이클을 원으로 그리면, 일주 하는 사이클 안에서 현 지점이 어디인지 알 수 있다. 이것을 진동의 "위상(페이스)"이라고 한다.

시간은 한 방향으로 흐르므로 방향을 가진 하나의 직선으로 표시할 수 있다. 그러나 국소적인 진동의 위상까지 표현하고자 하면 소용돌이와 같은 나선형으로 표시하는 것이 좋다. 나선 위의 위치가 위상을 표현하고, 이것이 오른쪽으로 시계방향으로 나아가는 것이 실제의 시간을 표시한다고 생각하자. 이렇게 하면 지금 어느 시점에 있으며 그때의 진동 위상이 얼마인지 알 수 있다.

실제 시간을 t, 진동의 위상에 나란한 위치를 표시하는 시간(위상)을 τ라고 하자. 그러면 시간은 (t, τ)의 두 개의 값의 쌍으로 표현된다. 실제 시간은 t로 흐르고, 진동의 1주기 안에서는 τ로 흘러서 한 주기마다 원래지점에 돌아온다. 이러한 표현을 "다시간 표현"이라고 한다(그림 2-8).

생쥐는 다시간 표현을 이용하고 있다. 정말 현명하다고 하지 않을 수 없겠다. 앞에 기술한 것처럼 생쥐의 해마에는 장소세포가 있어서 생쥐가 미로에 놓인 경우, 각 장소에 대응하여 생쥐가 거기에 들어가면 흥분하는 세포가 있다. 생쥐가 해당 장소에 들어가면 그 세포가 흥분 하고 지나가면 흥분이 멈춘다.

장소라고 해도 한 점이 아니라 어느 정도 범위가 있는 광장과 같은 것이라고 생각하자. 그곳에 들어가면, 처음에는 뉴런이 발화하는 것은 해마의 θ파의 특정 위상의 근처로 정

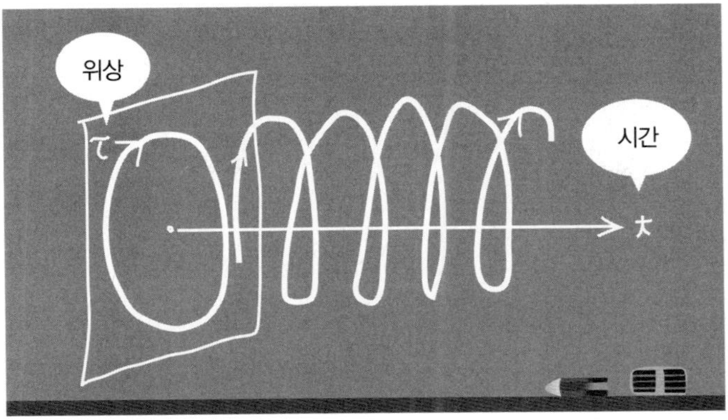

■ **그림 2-8.** 시간 t와 위상 t의 흐름
뉴런의 진동 리듬을 표현하는 위상 τ와, 시간의 흐름 t는 이와 같이 표현하는 것이 가능하다. 이것을 "다시간 표현"이라고 한다.

해져 있다. 생쥐가 그 장소안을 지나감에 따라 뉴런이 발화하는 타이밍이 늦어져서, 위상 τ가 조금 더 뒤쳐진 곳이 아니면 발화하지 않는다. 그 장소를 나올 때에는 위상의 끝부분에서 발화가 일어난다(그림 2-9).

즉, 실제시간 t이외에 위상시간 τ도 정보를 가지고 있어서 장소 뉴런이 흥분 할 때의 위상 τ의 값에 따라 현재 그 장소에 막 들어갔는지, 아니면 이제 장소를 나오는 중인지를 판정할 수 있다. 시간을 이중으로 사용하고 있는 것이다.

그 뿐 아니다. 해마가 기억을 전이하기 위해서 전두령과 정보교환을 할 때에는 양쪽의 θ파가 동기(위상이 맞아떨어지는 것)하

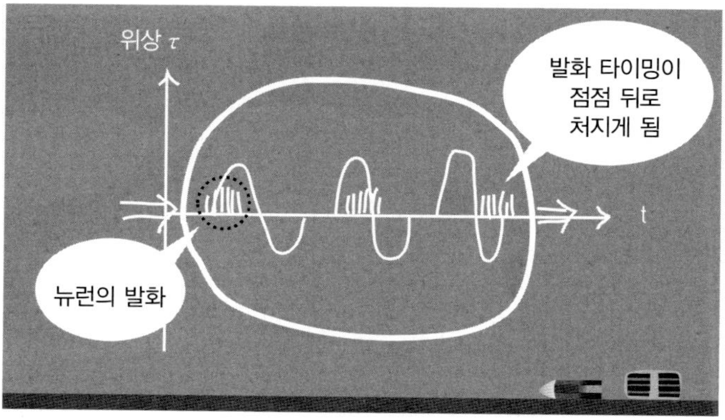

■ 그림 2-9. 장소세포의 θ파의 위상

특정 장소에 생쥐가 들어가면 처음에는 위상이 상승하는 시기에 발화가 발생한다(그림의 제일 좌측). 장소를 벗어남에 따라 발화 시기가 늦어져서 위상의 뒷부분에서 발화한다(그림의 제일 우측).

여 같은 리듬 안에서 효율적으로 정보교환이 진행된다고 한다. 인간의 경우도 물론 마찬가지이다.

뇌는 고도의 계층 시스템이면서 동시에 계층을 뛰어 넘어서 여러 영역이 교류하고 있다. 계층 내의 국소적인 장소에서는 밀접한 결합이 있어서 여기서 정보처리가 진행되지만, 동시에 떨어진 영역 간에도 순방향의 결합과 피드백결합이 있어서 계층을 넘어서 직접 정보를 교환하고 전체적으로 협조하여 처리가 행해진다.

이 때, 교류하는 각 영역에서 뇌파, 예를 들어 γ파의 리듬이 동기하여 리듬을 맞추어서 높은 효율로 정보교환이 가능하다고 생각된다. 이는 흥미로운 가설로, 서로 협조하는 영역에서 위상이 일치하는 것은 실제로 관측되고 있다. 그러나 그 구조는 아직 잘 알려져 있지 않고, 전 세계의 학자들이 흥미를 가지고 있는 연구 과제이다.

영역간의 활동의 협조, 즉 동기는 거시적인 스케일에서도 나타난다. 사람의 뇌는 안정기에도 활동하고 있어서 꽤 많은 에너지를 사용하고 있다. 명상을 할 때에도 마찬가지이다. 안정기에도 영역들이 동기하여 활동하는 흥분패턴이 발생하고, 그것이 시간의 흐름에 따라 변한다. 두 개의 영역이 동기하여 활동하는 경우, 자세한 배선은 차치하고 양쪽이 기능적으로 결합되어 있다고 생각해 보자. 그러면 안정기의 뇌의 기능적인 결합 네트워크를 그려볼 수 있다.

안정기에 뇌는 그냥 쉬고 있은 것은 아니다. 다음에 올 자극에 대비하여 뇌의 내부에서 그것을 처리할 준비활동을 하고 있어서, 활동들이 여러 형태로 변한다. 따라서 안정기의 뇌의 활동이 주목을 받고 있다.

최근에는 인터넷 등으로 인한 대규모의 네트워크 해석이 이루어지고 있다. 뇌도 대규모의 기능적인 결합을 가진 거시적인 네트워크라고 볼 수 있다. 그래프이론을 활용하여 뇌의 기능적인 결합과 그 의의를 밝히는 연구가 진행되고 있다.

미시적인 축색에 의한 결합에서부터 거시적인 영역간의 네트워크에 이르기까지, 다양한 스케일에서의 뇌의 활동을 밝히는 것이 필요하다.

여러 가지 뇌의 측정 방법

뇌의 연구는 측정기술의 개발과 함께 진보해 왔다고 해도 과언이 아니다. 현재에는 여러 분야에 걸쳐서 연구되고 있어 그 범위가 점점 확대되고 있다. 그 발전사를 살펴보자.

(1) 세포염색기술: 신경해부학

사람들은 그리스시대부터 신비한 기관인 뇌에 흥미를 가지고 관찰해 왔다. 뇌의 연구가 활발해 진 것은 현미경이 발명되어 이를 상세하게 관측 가능하게 되면서부터이다.

19세기 후반, 생리학자인 카할(Cajal)은 뇌를 상세히 조사하여 뇌가 뉴런으로 이루어져있고, 뉴런들이 결합하여 네트워크를 이루고 있음을 밝혀냈다. 그 시대에 뇌는 뉴런을 결합한 분산 네트워크라는 것과, 망상구조를 가진 연속한 조직이라는 것의 두 가지 가설이 대립해 있었다. 후자는 생리학자 골지(Golgi)가 주장하였다.

카할은 뉴런을 상세히 관찰하여 여러 가지 종류의 뉴런들에 대한 뛰어난 모식도를 그려내어 이 대립을 종결하였다(그림 2-10).

이를 위해서는 뉴런을 염색하여 한 개씩 알아보기 쉽게 하는 염색법이 도움이 되었다. 이 염색법으로는 골지가 발견한 골지염색법이 우수한 성능을 보였는데, 흥미롭게도 전체 뉴런이 염색되는 것이 아니라, 띄엄띄엄 몇 개의 세포에 색이 들기 때문에 관찰하기가 용이했다. 이 염색법을 이용하여 카할이 골지의 가설을 누를 수 있었다는 것은 아이러니한 일

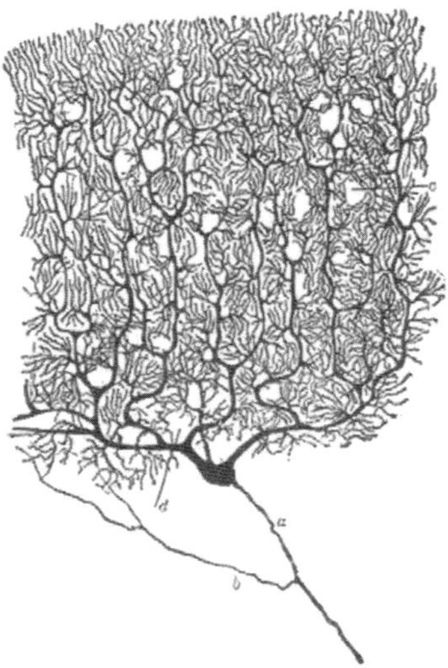

■ **그림 2-10.** 카할이 그린 뇌의 신경세포

소뇌의 퍼킨지 세포에서 수상돌기가 복잡한 형태로 뻗어나가 아름다운 형태를 이루고 있다.

이지만, 두 사람은 1906년에 동시에 노벨상을 수상하였다. 이러한 연구를 뇌의 구조를 조사하는 신경해부학이라고 한다.

(2) 미소전극: 전기생리학

한편, 뉴런의 기능을 조사하는 분야는 전기생리학이다. 개구리의 신경섬유에 전기 자극을 가하면 근육에 수축이 일어나는 것을 18세기에 갈바니(Galvani)가 발견한 이래, 신경섬유가 전기 활동을 하는 것이 알려지게 되었다.

뉴런의 전기활동을 직접 조사하기 위해서 20세기 중반에 미소전극이 발명되었다. 미세한 침 형태의 전극을 뉴런의 내부에 삽입하여 전기활동을 계측한다. 이를 통해 뉴런 내부의 전위나 흥분 펄스의 발생 등을 잘 알 수 있다.

전극을 삽입하고, 이를 안정적으로 관측하는 기술은 아주 어려워서 끊임없는 수련을 요구하는 달인의 기술이라고 한다. 그러나 이 기술로부터 뉴런에는 흥분성인 것과 억제성인 것이 있다는 것을 비롯한 많은 기능이 밝혀지게 되었다.

전기생리학은 개개의 뉴런의 활동을 직접적으로 측정하므로 미시적으로 뇌의 회로를 연구함에 있어서는 빠질 수 없는 분야이다. 지금은 다중전극이라고 불리는 수백 개의 전극을 다발로 묶어서 생쥐 등의 뇌에 삽입하여 수백 개 뉴런의 전기활동을 동시에 조사하는 것이 가능하다. 그러나 다수의 뉴런이 발생시키는 전기펄스의 시계열 데이터는 막대한 양으로, 이를 해석하여 그로부터 어떤 결론을 얻을 수 있을지, 측정 이후의 데이터 처리가 매우 어려운 작업이 된다.

(3) 화학물질이 담당하는 정보: 신경화학

뉴런은 복잡한 형태를 가지고 있어서 각 부분이 여러 가지 기능을 하고 있다. 뉴런들 간의 정보전달을 위해서는 축색의 말단에서 시냅스에 도달하는 화학물질이 중요한 역할을 한다. 이 화학물질에는 여러 가지 종류가 있는데, 이들을 신경전달물질 또는 신경조절물질이라고 부른다.

또한 뉴런의 세포내부에서의 분자에 의한 정보의 전달과 변환도 중요하다. 이러한 이유로 뇌는 전기기계가 아닌 전기를 중개자로 사용하는 화학기계라고 말하는 사람들도 존재한다.

전자현미경의 진보로 인하여 뉴런 내부의 분자 구조를 상세하게 조사할 수 있게 되었다. 특히 2광자현미경은 두 개의 포톤(광자)을 뉴런의 특정 장소에 쏘아서 놀라운 분해능으로 뉴런의 세부를 살펴볼 수 있다.

(4) 유전자조작: 분자생물학

DNA의 유전정보도 중요하다. 유전자의 결함이나 변화

에 의해 뇌에 어떤 영향이 나타나는지, 이에 대한 연구도 축척되고 있다.

예를 들어 유전적으로 언어 처리 능력이 없어서 문법에 맞는 문장을 만들 수 없는 가계의 사람들이 있는데, 이들은 FoxP2라는 유전자에 공통적인 결손이 있다. 이 유전자는 현생인류는 가지고 있지만 침팬지에는 없는 것이다. 흥미롭게도 네안데르탈인은 가지고 있다. 이로부터 네안데르탈인은 언어를 사용하고 있지 않았을까 하는 추론이 가능하다.

그 외 많은 유전병의 원인이 되는 유전자들이 밝혀지고 있다. 우리와 같은 동양인은 서양인에 비해 술을 못 마시는 사람들이 많다. 이것도 유전적인 요인이 있는데, 이들은 알콜의 분해효소를 만들지 못한다(혹은 만들기 어렵다). 사교성에 관계되는 유전자도 있어서, 동양인은 이것이 적어서 수줍은 성격이 많다고 한다. 하지만 이는 문화나 자라난 환경에도 관계되는 것으로, 마당발인 사람들은 어디에나 있다.

재미있는 이야기를 하나 하자면, 생쥐의 사회에도 일부일처제와 일부다처제가 있다. 북아메리카에 생식하는 초원들쥐는 일부일처제이나, 이와 유전적으로 가까운 산악들쥐는 일부다처제라고 한다. 이와 관계된 옥시토신이라고 하는 단백질이 있다. 이는 모자의 신뢰관계, 애정 등의 발로에 큰 역할을 하는 물질로 최근 주목받고 있다.

옥시토신을 받아서 흥분하는 수용체가 시냅스에 어느 정도 있는지는 특정 유전자에 의해 결정된다고 한다. 이 유전자가 서로 다른 것만으로 생쥐가 두 제도 중 어느 것을 따르는지가 달라진다. 유전자를 개조하면 일부일처제에서 일부다처제로 변한다. 결국, 유전자에 의해 한 번에 한 사람만 사랑할 수 있는지, 복수의 사람을 동시에 사랑할 수 있는지가 결정된다는 것이다.

유전자 개조는 뇌 연구의 주요한 도구가 되었다. 생쥐 등에게서 특정한 유전자를 파괴하거나, 새로운 유전자를 삽입하는 기술이 발전되어 왔다. 이를 유전자 개조(녹아웃, 녹인)라고 한다.

최근에는 유전자 편집까지 가능하다고 한다. 이 기술로, 뇌의 특정 종류나 위치의 뉴런을 동작하지 않도록 하거나, 또는 특정 시냅스가 작동하지 않도록 하는 것이 가능하다. 이렇게 하면 그 뉴런이나 시냅스가 어떤 역할을 하고 있는지를 그 행동을 조사함으로써 알 수 있게 된다. 생쥐의 연구라고 해서 무시해서는 안 된다. 생쥐도 포유류로, 우리 인간들과 유사한 뇌를 가지고 있고, 사회생활을 하고 있다. 기억이나 학습능력도 있다. 이로부터 얻어지는 지식들 중 인간들에 적용되는 것도 다수이다.

(5) 옵토지네틱스(Opto-genetics): 광유전학

해파리, 버섯, 산호 등과 같이 빛을 발하는 생물이 있다. 이들은 반짝이는 단백질(발광물질, 형광물질)을 만드는 유전자를 가지고 있어서 이를 유전자 조작으로 동물의 뉴런에 심으면, 그 뉴런을 반짝이게 할 수 있다.

형광물질이란, 빛을 쏘이면 발광하고, 끄면 원래대로 돌아간다. 전위가 올라갔을 때 발광하도록 하면 미세전극을 사용하지 않아도 뉴런의 흥분 패턴이 관측 가능하다. 이를 이용하면 1만개 이상의 뉴런의 발화 패턴을 실시간으로 관측할 수 있다. 물론, 살아있는 상태로 움직이는 동물의 뇌로부터 관측하는 것은 어려우나, 뇌를 슬라이스하여 회로형태로 연결된 상태 그대로 뇌 절편 형태로 만들면 그 활동을 직접 관측 가능하다.

이를 한층 더 진보시킨 광유전학(옵토지네틱스)이라는 기법이 개발되어 주목을 받고 있다. 로돕신이라고 하는 단백질을 유전자조작으로 특정 뉴런에 주입한다. 여기에 외부로부터 청색의 빛을 쏘이면, 그 세포가 발화한다. 그러나 황색의 빛을 쏘이면 그 세포는 발화하지 못한다. 이와 같이 하여, 움직이는 동물의 신경회로에 빛을 쏘아서 특정한 뉴런의 발화를 제어할 수 있다.

이는 뉴런 레벨에서의 뇌의 활동을 외부로부터 직접 제

어하여 관측하는 방법이다. 외부로부터 흥분을 자유롭게 조작함으로써 뇌의 움직임을 상세하게 조사하는 것이 가능하다. 현재 옵토지네틱스는 뇌를 조작하는 새로운 기술로 빠르게 보급되고 있다.

사람의 뇌 활동은 어떻게 측정할까?

지금까지 살펴본 측정기술은 침습적인 방법으로, 뉴런에 상처를 내기 때문에 사람에게는 사용할 수 없다. 하지만 우리가 정말로 알고 싶은 것은 사람의 뇌이다. 사람의 뇌를 측정하는 것은 비침습적인 방법이어야 한다.

뇌수술 등의 특별한 경우에 손상 부위를 특정하기 위해 본인의 동의를 얻어 그 사람의 뇌를 열어서 전극을 꼽아 관찰하는 등의 예는 있으나, 그리 일반적이지는 않다.

비침습적으로 사람의 뇌를 측정하는 기술로서는 예로부터 뇌파(EEG)의 측정이 행해져 왔다(그림 2-11). 이에 더하여 전압 대신 자기장의 강도를 측정하는 MEG(magneto-encephalography)를 사용하는 것도 가능하다.

어느 쪽이든, 뉴런의 흥분에 따른 수상돌기의 전류에 발생하는 전기활동을 측정하는 방법이나, 사용하는 수단이 전기인지 자기인지가 다르다. 뇌세포의 자장은 매우 미약하여 뇌자기도를 위해서는 대형 장비가 필요하기는 하나 뇌의 깊숙한 곳까지 측정할 수 있다고 알려져 있어 두 방법은 상호보완적인 관계에 있다.

이 장치들은 시간적으로 매우 빠른 활동을 측정할 수 있다. EEG나 MEG에서는 0.1초 단위로 변동을 측정할 수 있다. 그러나 뇌 안의 활동을 두개골 바깥에서 측정하므로 공간적으로 어느 부분이 흥분했는지 알아내는 공간해상도는 매우 나쁘다. 수 센티미터 정도까지 정확히 알 수 있다면 좋은 편이라고 보아야 할 정도이다.

뉴런이 발화하기 위해서는 에너지 보급이 필요하다. 이는 혈류를 통해 운반된다. 따라서 뇌의 혈류가 측정된다면 그로부터 뉴런의 활동상황을 측정할 수 있다. 가장 많이 사용되는 것이 기능적 자기공명진단장치(fMRI)이다.

뉴런이 흥분할 때에 에너지를 사용하므로 혈액 중의 산소가 소비되어 혈액중의 산화 헤모글로빈이 환원헤모글로빈으로 변한다. 혈류의 헤모글로빈의 산화환원 정도를 관측하기 위해 강한 회전자기를 외부로부터 쏘아서, 혈류 중의 헤모글로빈 분자의 상태를 살핀다. 이것이 핵자기공명이라고 불리는 시스템으로, 외부의 강한 자장으로 스핀을 발생시켜 그것이 완화될 때 방출되는 자기파를 측정하는 것이다.

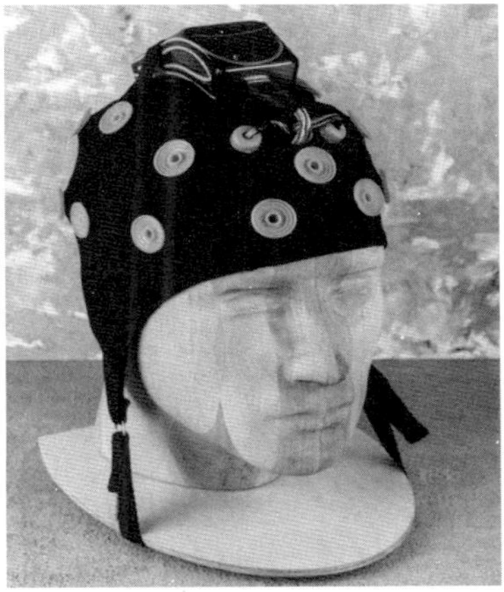

■ **그림 2-11.** EEG 측정장치

fMRI는 대형 장치로 고가이기 때문에 쉽게 구할 수는 없지만, 지금은 꽤 보급되어 사용되고 있다(그림 2-12).

그 외, PET(Positron Emission Tomography: 양전자 방사 단층촬영)은 방사능을 가진 물질들을 혈류에 주입했을 때 뇌에서 혈류가 증가하는 장소가 높은 γ선을 방출하는 것을 측정하여 뇌 부위의 활동 상태를 측정한다. 또한 NIRS(Near-Infrared Spectroscopy: 근적외 분광법)은 근적외광을 두피로부터 뇌의 내부에 투영하여 그 빛이 뇌의 혈류에 반사되는 것을 측정하는 것으로 혈류의 양을 측정한다. 뇌가 활성화된 장소에서는 혈류가 많다. 이는 비교적 간단한 장치로, 유아에게도 사용가능하다.

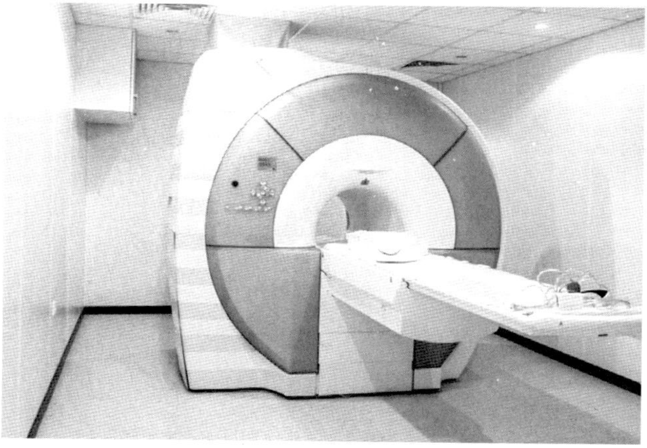

■ **그림 2-12.** fMRI장치

이러한 장치로 인간의 뇌 활동을 측정할 수 있다고 하지만, 뉴런의 활동 그 자체를 보는 것이 아니라 활동의 결과로서의 혈류를 보는 것이다. 따라서 개개의 뉴런이 아니라 뉴런 집단의 활동의 총합을 거시적으로 보고 있는 셈이다.

따라서 시간 또는 공간적인 해상도가 문제가 된다. 뇌의 활동을 혈류의 변화로서 살펴보는 방법의 경우에는 뉴런이 활동하기 위해 에너지 대사에 시간이 걸린다. 따라서 몇초 정도의 시간의 차이가 있고, 시간해상도가 좋지 않다. 또한 공간해상도도 1mm 정도 밖에 되지 않는다. 이 정도로도 대뇌피질의 컬럼 크기 정도는 측정 가능하나, 그 내부의 활동의 분포까지는 알 수 없다. fMRI나 NIRS, 그리고 EEG나 MEG를 함께 사용하는 경우도 있다.

부족한 점이 많다고는 하지만, fMRI에 의한 사람의 뇌 측정으로 인간의 뇌에 대한 이해가 높아졌다. 예를 들어, 음악을 듣고 있을 때, 수학문제를 풀고 있을 때, 언어를 이해하고 있을 때 등의 뇌활동을 조사할 수 있다. 물론, 뇌는 전체적으로 움직이고 있다. 그러나 이러한 일을 하고 있을 때, 뇌의 어느 장소의 활동이 다른 장소에 비해 활발해지는지(또는 약해지는지)를 판정하는 것이 가능하다. 그 결과로부터 뇌의 기능적 국소화, 특히 어떤 작업을 수행하기 위해 뇌의 어느 장소가 주로 활약하는지를 알 수 있다.

fMRI를 사용하면, 세세한 기능적인 뇌지도를 만들 수 있다. 그러나 시간과 공간 해상도가 좋지 못하므로 정보의 인과관계는 알 수 없고, 뇌가 어떻게 계산을 수행하고 있는지도 알 수 없다. 연구자들은 모두 안타깝게 생각한다. 그러나 금전적인 보수를 받았을 때나 좋은 행동을 하여 기쁠 때, 명예롭게 느낄 때 등에서 뇌의 어느 장소가 활동하는지가 밝혀져, 사람의 마음을 이해하는 것과 연결지어 지고 있다. 사람의 뇌 활동에 대한 흥미는 끊이지 않는다.

외부로부터 뇌에 직접적으로 자극을 넣어서 활성화하고 그 영향을 살펴보고자 하는 연구도 있다. 그 중 하나는 경두

자기 자극기(TMS: Transcranial Magnetic Stimulation)이다. 코일에 전류를 흘려 두개골의 외부에서 강한 자장을 만들고, 이것을 사람의 뇌의 특정 장소에 작용하도록 한다. 그러면 그 장소에서 강한 자장이 발생하여 이로부터 전류가 생겨 뉴런을 흥분시키거나 흥분을 멈추게 할 수 있다. 운동야에서 손가락을 제어하는 장소에 강한 자기를 쏘이면 실제로 손가락이 꿈틀거린다.

뇌가 도형의 인식과 같은 일을 하고 있는 도중에 자기 자극을 가하여 이를 방해하여, 어느 시점에 어디에 자극을 가했을 때 어떤 영향이 나타나는지를 조사하여 뇌 안에서의 정보의 흐름을 살펴볼 수 있다. 또한 미세 전류를 뇌에 흘려서 같은 영향을 살펴보는 전기자극도 있다.

뇌의 정보를 해독하는 기술

사람의 뇌의 측정 기술이 발전하니, 이제 그 정보를 해독하고 싶어진다. fMRI나 EEG 등의 측정 신호로부터 지금 뇌는 무엇을 하고 있는지 알 수 있다면 재미있을 것이다.

문자를 보고 있을 때의 fMRI영상으로부터 어떤 문자를 보고 있는지를 해독 할 수 있다. 이는 뇌정보의 디코딩에 해당한다. 꿈을 꾸고 있을 때의 fMRI신호로부터 그 꿈에 나오는 정경을 추측하는 등의 놀라운 연구가 진행되고 있다.

또한 EEG 신호를 사용하여, TV게임에서 커서를 좌우 어느 쪽으로 움직일지 생각하는 것만으로 컴퓨터가 실제 커서를 움직이게 하는 것도 가능하다. 뇌의 정보를 사용하면 사람이 "생각하는 것"만으로 외부를 제어할 수 있다. 실제로 손발을 사용하지 않고 휠체어를 제어하는 것이 가능하여 지체장애자들에게 이를 사용하게 할 수 있다.

기술이 더욱 발전하면 뇌-기계 상호작용(BMI, Brain-machine interface)이라고 하는 분야의 기술을 활용하여 뇌 내부의 정보를 자신에게 피드백으로 입력하여 자신의 뇌의 상태를 변화시켜가는 것이 가능하다. 자세한 내용은 뒤에서 설명하겠지만(7장 참조), 이는 재활 등에서 유효하다.

그러나 뇌를 제어하는 것은 자칫 잘못하면 마인드 컨트롤이 되어 위험한 기술이 될 수 있다. 실생활에는 도움이 되지 않는 아주 초보적인 기초연구로 생각되었던 뇌의 연구도 그 영향으로 인한 위협이 걱정될 만큼 발전하였다. 이제부터는 과학자들만 연구를 진전시키는 것이 아니라 일반 사용자나 타 분야 전문가들의 의견을 경청하면서 윤리적인 지침을 확립하고 뇌연구의 방향을 생각하면서 진행해 나가지 않으면 안 될 것이다. 제어장치가 필요할 때이다.

시뮬레이션으로 뇌를 이해할 수 있을까

뇌의 측정기술이 발전하여 뇌 내부의 뉴런과 그 세부적인 결합까지 알게 되었다고 하자. 전부 알게 되면 그것을 컴퓨터에 넣어서 시뮬레이션을 수행하면 뇌와 동일한 반응을 하게 될 것이다.

그러나 이로써 뇌를 완전히 이해했다고 말할 수 있을까? 저자의 생각은 조금 다르다. 컴퓨터에 들어 있는 생쥐나 원숭이의 뇌가, 실제의 생쥐나 원숭이가 현실에서 과제를 수행할 때와 동일한 반응을 했다고 치자. 이로써 우리는 무엇을 이해했다고 할 수 있을까? 컴퓨터 내부의 뇌가 주는 응답 앞에서, "음… 이것은 복잡해서 왜 이렇게 되는지 그 원리를 잘 모르겠군" 이라고 생각하게 되지 않을까.

"이해하는 것"은 그 동작의 세부적인 내용을 아는 것이 아니다. 동작의 기본 원리를 알고, 무엇이 들어오면 어떤 일이 발생 할지를 "예측할 수 있는 것"이다. 이를 위해서는 뇌의 동작 원리를 이론적으로 해명할 필요가 있다. 이는 실제 현상으로부터 출발한 물리학이 발전하여 이론물리학에 다다른 것과 같다고 볼 수 있다.

이제 다음 장에서는 이론을 사용하여 어떻게 뇌가 해명되어 왔는지에 대해 얘기해 보겠다.

제3장

"이론"으로 어떻게 뇌가 연구되어 왔나

현재 주목받고 있는 인공지능은, 1950년대에 뇌로부터 힌트를 얻어 만들어진 이론적인 모델로부터 시작했다. "이론"적으로 뇌의 짜임새를 생각한다는 것은 과연 어떤 것일까. 그 역사를 더듬어보자.

뇌 · 마음 · 인공지능

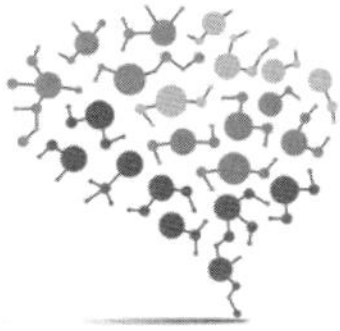

뇌의 이론, 그 역사

많은 사람들이 뇌의 구조를 이론적인 입장에서 생각해왔다.

데카르트는 동물의 뇌는 물질적인 기계라로 생각했지만, 사람의 뇌는 마음을 가지고 자아를 품고 있다는 점에 착안하여, "나는 생각한다, 고로 존재한다"라는 명언을 남겼다. 그 귀결로서 심신이원론을 주장하고, 정신과 물질은 각기 별개로 존재하여 물질적인 실체인 뇌와 정신에 해당하는 마음이 뇌의 송과체에서 연결된다고 하였다.

철학에서 뿐 아니라, 과학적 입장에서 뇌를 생각한 연구자로는 수학자 위너(Wiener)가 있다. 정보와 제어를 여러 시스템의 근간이라고 생각한 사이버네틱스(cybernetics)의 창시자이다. 1940년대, 생리학자 로젠블럿(Rosenblatt)과 함께 대뇌피질의 흥분 시스템 및 흥분의 전파와 지속 메카니즘을 생각했다. 이는 심장의 수축과 완화가 지속적으로 일어나는 원리와도 일치한다.

그가 생각한 메카니즘은 이러하다. 대뇌피질이나 심장의 막은 흥분과 정지의 두 가지 상태를 가지고 있어서, 흥분은 주변으로 전파된다. 자극에 의해 어떤 장소가 한 번 흥분하면, 그 흥분이 멈추고 난 후에 잠깐 동안은 다른 자극에는 반응하지 않는 불응의 시기가 계속된다. 이러한 이차원의 막(피질)에서는 흥분이 발생하면 그것이 끝나도 다시 주위의 영향으로 흥분이 발생하고 그것이 자기 재생적으로 반복된다. 신경장 흥분의 자기재생과 전파현상이다. 흥분 전파와 억제의 두 가지 기제만으로도 이정도의 설명이 가능하다.

그보다 이전인 1943년, 생리학자 맥클러치(McCulloch)와 수학자 피츠(Pitts)는 뉴런의 이론적 모델로 다수결소자를 생각했다. 이를 “맥클러치-피츠 뉴런” 또는 “형식뉴런”이라고 부른다. 연속한 아날로그 값이 아니라, 0과 1의 이진값을 가지는 이산적인 소자(이산소재)이다. 이를 사용하여 논리적 계산(부울 대수)이 가능하다.

그들은 이 소자들을 결합하면 만능 계산이 가능하다는 것, 다시 말해 여기에 메모리와 시간차를 만드는 조작을 더하면 튜링기계를 만들 수 있음을 보였다. 튜링기계란 만능적인 계산능력을 가진 기계로, 현재의 컴퓨터가 바로 튜링기계이다.

이 이론은 그 후 자동기계인 오토마톤 이론의 기초가 되어 언어학자로서 혁명적인 구상을 발표한 촘스키(Chomsky)의 언어이론과 함께 정보과학의 발전의 기초가 되었지만, 뇌의 계산이론이라는 관점에서도 중요하다.

그 외에도 앞에서 언급했던 심리학자 헤브는 뉴런 집단이 때에 따라 기능적으로 조합되어 뇌의 내부에서 기능신경집단(뉴로어셈블리)을 시시각각으로 구성하여 정보를 유지하고 계산한다는 가설을 주장하였다. 이는 지금도 참고 되는 이론 중 하나이다. 앞서 설명한 헤브학습도 현재까지 통용되는 가설이다.

제1차 뉴로 붐: 만능기계 퍼셉트론의 출현

전자컴퓨터가 보급되어 사람들에 의해 사용되기 시작하자, 인간의 지적인 행위를 컴퓨터로 실현할 수 없을까에 대해 생각하게 되었다. 이것이 인공지능이다.

이 시대, 즉 1950년대 후반에 심리학자 로젠블럿은 뇌로부터 힌트를 얻어 뇌형 학습기계인 퍼셉트론을 제창하였다. 퍼셉트론은 맥클러치와 피츠의 형식뉴런들로 이루어진 다층

회로망이다.

그는 "신경역학의 원리"라는 제목의 책을 집필하면서 이에 대해 세상에 질문을 던졌다. 퍼셉트론은 입력신호를 받는 부분, 정보를 변환하는 부분, 마지막으로 결정을 내리고 답을 출력하는 부분으로 이루어진다. 이를 "입력층", "중간층(연합층, 은닉층)", "출력층"이라고 부른다.

이렇게 보면 3층으로 이루어져 있으나, 중간층은 여러 개를 추가하여 다층으로 만들어도 상관없다. 또한 같은 층 내에서의 결합이나 피드백 결합도 생각해 볼 수 있다.

그러나 그런 복잡한 장치가 갑자기 만들어 질 수는 없다. 가장 간단한 퍼셉트론을 생각하면, 입력층, 중간층, 출력층으로 이루어져 있다(그림 3-1). 입력층은 정보를 받아들이고 중간층은 그것을 변환한다. 출력층에 한 개의 뉴런만 존재하는 간단한 경우에는 이로부터 1비트의 출력이 나온다. 이를 이용하여 수행하는 작업은 패턴 인식으로, 예를 들어 영어의 알파벳이나 숫자를 입력하면 그것이 문자인지 숫자인지를 판별하는 문제를 생각할 수 있다. 출력 뉴런이 흥분하면 답이 1이 되어 영문자가 되고, 흥분하지 않으면 0이 되어 숫자라고 할 수 있다.

이러한 패턴인식 장치를 설계하기 위해서는, 일반적으로는 영어 문자와 숫자를 분석하여 각각의 형태의 특징을 조사하지 않으면 안된다. 하지만 그런 귀찮은 작업을 하는 대신 출력층의 소자에 학습기능을 부여하여 예제들을 보여주기만 하면 자연스럽게 정답을 학습할 수 있게 된다면 편리할 것이다. 인식 장치가 내는 답이 잘못된 경우에는 교사신호가 개입하여 잘못되었음을 알려주고, 시냅스 효율을 특정 규칙에 따라 변화시키는 원리이다.

입력패턴이 유한개라면, 특정 조건 하에서는 이 기계는 유한 번의 학습으로 항상 정답을 낼 수 있게 됨이 증명되었다. 이것을 퍼셉트론의 수렴정리라고 한다. 또한 중간층에 다수의 뉴런을 배치하는 것으로 이 조건이 항상 성립하게 되

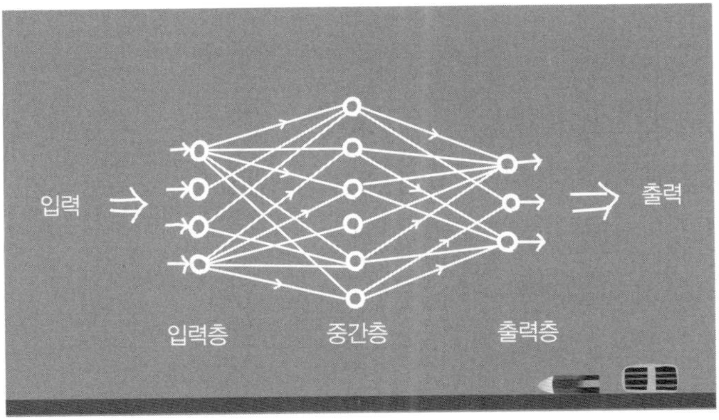

■ **그림 3-1.** 단순퍼셉트론의 구조.
먼저 입력층에서 정보를 받아들여 그 정보를 중간층에서 변환하고 출력층의 뉴런이 학습하여 답을 낸다.

는 것도 증명되었다.

이것은 놀라운 결과였다.

보통 패턴인식 장치를 설계하기 위해서는 먼저 패턴의 성질을 상세하게 조사하지 않으면 안된다. 그 성질에 맞추어서 시스템을 설계하게 된다. 하지만 퍼셉트론은 그런 작업을 하지 않아도 학습으로 모두 해결될 수 있음을 말하는 것이기 때문이다. 아기가 학습으로 여러 가지 능력을 몸에 익혀가는 것처럼, 기계도 학습 여부에 따라 무엇이든 될 수 있다. 설계가 불필요한 "만능기계"라고도 말할 수 있겠다.

학계는 이 퍼셉트론에 감탄하여, 신경회로망을 모방한 뉴로 모델에 의한 학습기계에 열광했다. 뉴런과 같은 소자를 사용하는 공학모델이 유행했다. 이것이 1960년부터 시작된 제1차 뉴로 붐이다.

로젠블럿은 실제로 진공관을 사용하여 직접 이 장치를 만들어냈다. 그것도 트랜지스터도 보급되지 않은 당시의 기술에 의한 것이었다. 시냅스의 효율을 표현하기 위해 저항기를 사용하고, 그 값이 학습에 의해 변화되도록 슬라이드식의 가변저항기를 사용하였다. 저항의 값을 변화시키기 위해서는 시냅스마다 모터를 달아서 저항기의 단자를 움직여 값을 변화시켰다. 따라서 성능 면에서 대단한 것은 아닌 소규모의 장난감 수준의 퍼셉트론의 경우도 배선 괴물과 같은 거대한 장치가 될 수밖에 없었다(그림 3-2).

아이디어는 매력적이었으나, 퍼셉트론이 실용화 된 것은 아니었다. 퍼셉트론은 이론적으로는 재미있는 것이었음에도, 일반 컴퓨터 성능의 발전과 함께 퍼셉트론에 대한 세상의 관심은 멀어져 갔다. 이론을 제창한 로젠블럿이 보트를 타던 중의 해난사고로 1971년에 사망한 것도 영향을 주었을지도 모르겠다.

일설로는 인공지능의 아버지라고 불리는 민스키(Minsky)와 교육학자 패퍼트(Papert)가 MIT의 총력을 다하여 퍼셉트론을 연구하여 그 능력의 한계를 밝혔기 때문에 관심이 식었다고

■ **그림 3-2.** 학습기계 퍼셉트론의 원형
(UCSD Institute for Neural Computation Technical Report #0403 Robert Hecht-Nielsen으로부터 발췌)

도 한다. 1960년대 후반의 일이었다. 민스키는 신경소자를 사용한 학습에 흥미를 가지고 대학원 시절에 실제로 모델도 만들었지만, 고교시절의 동급생이었던 로젠블럿에 앞지름을 당하고 말았다. 그래도 뉴로 모델에 의한 학습기계의 구상은 포기하지 않고, 능력의 한계를 뛰어넘기 위해 재도전하였다고 한다. 그러나 결과는 생각처럼 잘 되지 않았다.

물론, 퍼셉트론에는 한계가 있다. 그러나 민스키 그룹이 사용한 퍼셉트론 모델은 너무나도 단순하여 이것만으로 퍼셉트론의 한계를 논의하는 것은 정당하지 않다. 퍼셉트론의 열기가 꺼져버린 것은 컴퓨터의 성능이 급격하게 발전하여 우편번호 자동 판독과 같은 실용적인 패턴인식이 컴퓨터로 가능하게 되었기 때문이다.

이렇게 제1차 뉴로 붐은 끝나고, 1970년 정도부터 신경회로모델 연구의 붐은 모두 수그러져 암흑기에 접어들게 되었다. 이것이 서양의 정설이지만, 실제로는 그렇지 않았다. 일본이나 러시아에서는 연구가 계속 진전되었고, 서양에서도 연구자의 수는 줄었지만 훌륭한 성과들이 1970년대에도 착실하게 쌓여갔다.

이 암흑기에 어떤 연구의 진전이 있었는지, 저자의 관점에서 기술해 보겠다.

“암흑기”에 확립된 확률강하학습법

흐름에서 조금 벗어나서, 저자의 개인적인 연구에 대해 잠깐 언급해 보겠다. 저자는 어릴 때부터 수학을 좋아했다. 때문에 대학에서 수리공학을 전공했다. 이렇게 얘기하면 멋있어 보이지만, 사실대로 말하자면, 전공을 결정할 때에 수학과나 물리학과에 들어가기에는 점수가 부족했었다. 차선책으로 선택한 것이 지명도가 낮아서 희망자가 부족한, 생긴 지 얼마 되지 않은 공학부의 수리공학코스(당시의 이름)이었다. 그러나 결과적으로는 이것이 행운이었다. 여기에서 원하는 방향으로의 독자적인 연구의 길을 갈고 닦을 수 있었기 때문이다.

수리공학이란, 수학적 방법을 사용하여 공학과 그 외 현실세계의 시스템을 조사하여 그 본질을 수리에 의해 해명하는 것을 목적으로 하고 있다. 따라서 연구대상은 무엇이든 상관없다. 저자는 대학원에서는 전기회로의 토폴로지, 연속체 역학의 미분기하, 정보공간의 이론 등을 연구했다.

대학원을 수료하고, 규슈대학에서 근무하면서 패턴인식이나 학습에 흥미를 가졌다. 그러자 필연적으로 뇌가 궁금해졌다. 뇌를 모델로 한 퍼셉트론의 능력에 대해 연구해 보고 싶어졌다. 제1차 뉴로 붐이 한창인 시기였다. 단순 퍼셉트론은 마지막 출력소자 만이 학습능력을 가진다. 중간층의 소자는 숫자는 많지만 학습은 하지 않는다. 물론 로젠블럿은 이것도 학습해도 좋다고 생각했지만, 구체적인 학습방식을 제안할 수 없었다.

왜 그는 좋은 학습방법을 생각하지 못했을까. 그 이유에 관해 당시에 저자는 다음과 같이 생각해 보았다.

학습의 기본은 잘못된 동작을 했을 때 시냅스의 효율을 변화시키는 것이다. 답을 내는 것은 최후의 출력소자 이므로, 이것이 잘못되면 바로 알 수 있다. 이때는 조금이라도 계산 값이 좋아지도록 시냅스 효율을 변경하면 된다. 그러나 최후의 출력이 틀렸을 때에는 중간층의 뉴런에도 책임이 있을 것이다. 그 중 어떤 것에 책임이 있는지, 어떤 소자가 잘못된 것인지는 알 수가 없다.

중간층의 소자에까지 책임을 분담시키기 위해서는 어떻게 하면 좋을까. 중간층의 하나의 소자의 하나의 시냅스효율을 약간 증가시켜보자. 그 결과 답이 조금이라도 좋은 쪽으로 가까워지면 이것은 증가시킨다. 만약 나쁜 쪽으로 가까워지면 효율을 감소시키면 된다.

그런데 퍼셉트론은 0과 1의 값을 가지는 이산소자, 다시 말해 맥클러치-피츠 뉴런을 사용하고 있다. 따라서 도중의 시냅스 효율을 조금 변화시켜도 그 변화가 미약하면 0이나 1

의 값을 변화시키지는 못한다. 앞에서 설명했듯이, 입력의 가중합인 u가 시냅스효율의 변화에 의해 약간 변화해도 역치를 넘길 정도로 크지 않다면 출력의 0과 1 값은 그대로로 어떤 변화도 일어나지 않는다. 따라서 시냅스 효율의 조금만 변화시켜서 상태를 살펴보고자 하는 전략은 도움이 되지 않는다.

그렇다면, 뉴런의 동작을 0과 1이 아닌 아날로그 값으로 바꾸어 보면 좋겠다고 저자는 생각하였다. 다시 말해, 하나의 뉴런의 출력은 입력의 가중합 u의 함수 $z = f(u)$로 결정되는데 여기서 출력 z는 0과 1의 값을 가지는 것이 아니라 펄스 빈도로 표현되는 아날로그 값을 가진다고 하자. 이것을 아날로그 뉴런이라고 한다.

함수 $f(u)$는 그림 3-3에서 보이는 것과 같은 연속한 함수 형태를 가진다. 만약 이진값을 가지는 출력이 필요하다면 z가 어느 값 이상 커지면 1, 그렇지 않으면 0으로 변환시켜주면 된다.

퍼셉트론의 학습을 위해서 이 아날로그 함수를 사용하면, 중간층의 뉴런도 포함하여 시냅스 효율을 조금씩 변화시켰을 때 출력 z에 어느 정도의 변화가 일어나는지를 계산할 수 있다.

변화를 살펴보기 위해서는 출력함수를 파라미터로 미분

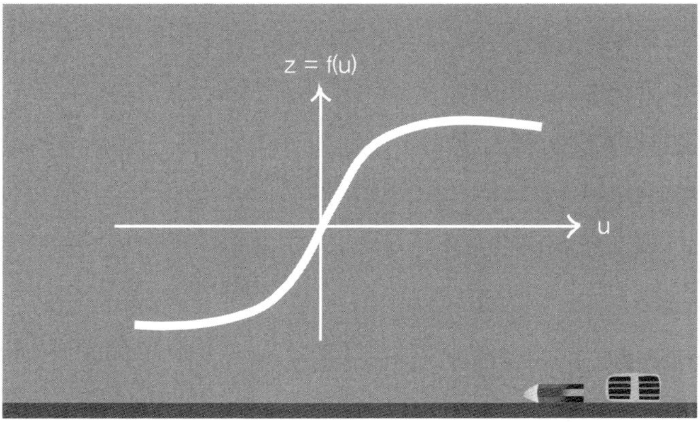

■ **그림 3-3.** 아날로그 뉴런의 출력함수
뉴런의 동작을 0과 1의 소자가 아닌 아날로그 값으로 생각하면, 시냅스의 효율 u를 변화시킬 때 출력 z가 어떻게 변할지 계산할 수 있다.

하면 되는데, 아날로그 함수 *f*를 사용하면 미분이 가능하다는 점이 핵심이 된다. 이렇게 하면 중간층의 소자를 학습에 참가시킬 수 있는 학습방법이 만들어지고, 퍼셉트론의 능력이 상승한다. 이것을 저자는 "확률강하학습법"이라고 이름 붙였다.

1966년 즈음, 규슈에 있는 구주코겐온천에서 온천욕을 하면서 이 방법에 착안하여, IEEE라고 하는 미국에 본사를 둔 전자정보계의 국제학회의 학술지에 논문을 투고하였다. 이것이 저자의 최초 국제학술지 투고였다. 심사위원 중 한 명은 "too mathematical(지나치게 수학적임)"이라는 한 마디로 채택을 거절하였다. 그러나 다른 한 사람이 호의적인 심사평을 하여 게재가 결정되었다.

그러나 제 1차 뉴로 붐은 점점 가라앉고 있었고, 앞서 기술한 이른바 신경회로망의 암흑기의 도래로 서양에서는 화제를 불러오지 못하고 무시되었다.

그러던 차에, 러시아에서 저자의 논문이 관심을 불러일으켰다. 공학적인 학습이론을 연구해 온 제어공학자 치프킨(Tsypkin)이 저술한 학습이론의 저서에 내가 제안한 확률강하학습법이 소개되어, 그 책이 영어로 번역되고, 다시 일본어로 번역되어 저자도 알게 되었다.

사실은 저자가 생각한 것과 같은 확률강하법의 아이디어가 15년 정도 후에 제 2차 뉴로 붐이 일어났을 때 발표되어 큰 화제를 불러 일으켰다. 이는 "오류역전파법(back propagation)"이라는 그럴싸한 이름이 붙여져 뉴로 붐과 함께 전세계적으로 유명해 졌다.

이것은 미국의 인지과학자 러멜하트(Rumelhart)의 업적이지만, 지인으로부터 그 논문의 복사본을 받아서 읽어보았을 때 저자는, 본인의 이전 논문과 완전히 동일한 발상의 내용이 기술되어 있음에 놀랐다. (저자가 수행한 세계 최초의 다층퍼셉트론 확률강하학습의 시뮬레이션에 관해서는 5장에서 살펴보겠다)

이 시기부터 1970년대 동안 저자는 신경회로망모델의 연구에 몰두하였다. 생리학 책을 아무리 열심히 읽어도 뇌가 어떤 구조를 가지고 학습을 하고, 패턴을 인식하고 있는지는 알 수가 없었다. 그렇다면 반대로 마음대로 모델을 만들고, 그 모델이 어떤 일을 할 수 있는지 그 능력과 가능성에 대하여 파고들어 보는 방법도 있겠다고 생각하였다.

이를 위해 먼저 뉴런들을 랜덤으로 연결한 신경회로망에서는 무엇이 가능할 것인지(통계신경역학), 뉴런을 2차원으로 배열하여 대뇌피질과 같은 형태를 만들면 거기서 흥분의 다이나믹스가 어떻게 나타날 것인가(신경장이론), 신경학습의 일반론이나 자기조직화이론, 그리고 연상기억모델 등, 일련의 연구 프로그램을 구상하여 하나씩 실현해 갔다.

시대는 1960년대 말부터 1970년대로, 저자는 규수공대에서 동경대로 이직하였고, 당시는 대학분쟁으로 소란스러웠으나, 스스로 잘 계획된 연구프로그램을 세우면 그것으로 자유로운 연구가 가능하였다. 지금과는 다르게 바로바로 실용화되는 연구를 하라든지, 매년 논문을 많이 출판하라든지 하는 불편한 압력은 없었고, 본인의 연구에 전념할 수 있었다. 이렇게 70년대에는 "도움이 되지 않는" 뇌의 수리모델에 대한 연구로 시간들을 보냈다.

75년부터 76년에 걸쳐서 미국의 메사추세츠(Massachusetts) 대학에의 방문 연구는 강한 영향을 주었다. 같은 대학의 연구자로 지금은 뇌와 언어에 관한 연구 분야의 지도자인 아비브(Arbib) 교수가 일본에 와서 강연을 하였다. 저자는 그에 대한 의견을 제시하는 역할을 의뢰받아 함께하였다. 그 때 아비브 교수는 저자의 논문을 읽어보았다고 말하였고, 그 후 얼마 되지 않아 그로부터 편지가 왔다. 연구 예산을 획득하였으니, 주위의 젊은 연구자를 미국으로 초청하고 싶다는 내용이었다.

사실 당시에 저자는 미국에 가 본 적이 없었다. 입시를 위해 영어공부는 했지만, 회화는 전혀 가능하지 않았다. 이대로 숨어서 패자처럼 지낼 수는 없다고 생각하여 용기를 내어 "내가 가겠다"고 답장을 하였다. 상대방은 놀라서 이 포지션은 포닥(Post Doctor, 박사를 받고 얼마 되지 않은 젊은 연구자)을 위한 것이라고 했지만, 그래도 연봉은 동경대 조교수의 것보다 높았다(1달러 300엔의 시대였다).

미국에서는 외국인을 포함한 연구자를 초청한 세미나도 다수 있어서 인공지능을 포함한 여러 가지를 배울 수 있었다. 교수 선발도 일본과는 달리 오픈하여 이루어졌다. 다만, 저자의 아이들은 영어가 유창해 지는데 본인은 그렇지 못해, 그저 필요한 의사가 통하면 그만이라는 적반하장의 심경에 이르렀다.

귀국하여 1978년에 "신경회로망에 관한 수리 – 뇌의 정보처리 양식"을 저술하면서 생각하였다. 신경회로망모델의 연구는 재미있을 뿐 아니라 논문도 얼마든지 쓸 수 있지만, 이것이 실제의 뇌와 직접 연결되지는 못한다. 나쁘게 말하면 "수학적 유희"에 지나지 않는다. 이대로 익숙해지면 발상의 큰 전환은 없어지고 이른바 직업적 전문가가 될 뿐이다. 나는 수리공학자로서 보다 큰 가능성을 가지고 있지 않은가. 이런 당치않은 생각으로, 새로운 주제에 뛰어들고 싶어졌다. 이 때 시작한 것이 정보기하학이었다. 그러나 이것이 실현된 것은 훨씬 뒤의 일이다. – 이것이 암흑기에 이루어진 저자의 연구였다.

제2차 뉴로 붐: 뉴로컴퓨터를 꿈꾸다

이야기를 다시 제자리로 되돌려보자.

1980년대에 접어들 무렵부터 미국에서 정세가 변하기 시작하였다. 그때까지 인지과학은 인공지능과 손잡고 기호표현을 이용한 논리적인 추론을 이용하여 컴퓨터 상에서 지능을 실현하는 것을 주요 방침으로 해 왔었다. 인간의 인지적인 구조도 이를 통해 알 수 있다고 생각했다. 그러나 이 신념이 흔들리고 인간의 인지적인 구조를 이런 식으로는 밝혀낼 수 없을 것이라는 주장이 나오기 시작했다.

뇌는 다수의 뉴런을 결합하여 정보를 그 위에서 분산시켜서 표현하고 병렬적인 다이나믹스를 구사하여 처리하고 있다. 규칙에 따라서 논리적인 추론을 수행하는 것은 오히려 드물다. 따라서 네트워크의 결합을 중요시하여 그 위에서의 병렬분산의 다이나믹스를 연구하지 않으면 인간의 지능은 밝혀낼 수 없다.

이렇게 러멜하트의 커넥셔니즘을 표방하는 연구자 그룹이 나타나 신경회로망모델의 연구가 빠르게 세계를 석권해 갔다. 암흑기를 벗어나서 제2차 뉴로 붐이 시작된 것이다.

여기에는 이론물리학자, 공학자 등도 다수 참가하여 전 세계가 열광하였다. 저자도 그 움직임에 주목하였으나, 당시의 일본은 아직 외국에 쉽게 드나들 수 있는 상황은 아니었다. 외국출장을 위해서는 문부성(한국의 교육부에 해당하는 당시의 일본 정부 부체)의 허가가 필요하고, 공무원은 휴가를 내고 자비로 출장 가는 것은 허가되지 않는 등, 엄격한 제한이 있었다.

어느 날 갑자기 미국에서 전화가 걸려왔다. 저자는 영어로 전화하는 것에 익숙하지 않았으나, 걸려온 전화는 어쩔 수 없지 않은가. 얘기를 들어보니, 미국에서 신경회로망모델의 국제학술대회를 큰 규모로 개최하는데, 저자를 초대하고 싶다는 것이었다. 여비는 전부 미국 측에서 지불한다고 하니

기꺼이 승낙하고 회의에 참가하기로 하였다.

회의에는 1500명 이상의 참자가가 전세계에서 모여 대단한 열기였다. 일본에서도 많은 사람이 참가하였으나, 특히 기업으로부터의 참가자가 눈에 띄었다. 뉴로컴퓨터가 만들어지면 1조엔 규모의 산업이 일어날 수도 있다고 하여, 뉴로컴퓨터에 대한 관심이 정보과학 · 기술의 세계에 퍼져갔다. 이로부터 몇 가지 새로운 아이디어가 나타나기도 하고 또 묻혀버렸던 연구가 재발견되기도 하였다.

미국은 신경회로모델의 이른바 암흑기였던 터라, 그 충격은 컸을 것이다. 일본에서는 신경회로모델의 착실한 연구가 쌓여가고 있었기에, 이것이 세계로부터 주목을 받게 되었다.

그러나 몇조엔 규모의 뉴로 산업이 가능하다는 것은 처음부터 무리한 이야기였다. 기술적으로는 뉴로칩을 만들 수 있다. 그러나 가전제품과 달리 일반에게 판매하는 것은 아니다. 연구자들이 사용할 뿐이라면 현재의 컴퓨터 위에서 알고리즘적으로 뉴로컴퓨팅을 수행하는 것으로 충분하다. 더욱이 실제 뇌의 구조는 아직 밝혀지지 않았다. 이러한 이유로 붐은 시들해져 갔다.

그러나 제2차 뉴로 붐이 남긴 것도 많았다. 그 중 하나는 뇌 연구에 이론이 필요하다는 생각이 정착된 것이다. 계산론적 신경과학이 그것이다. 이론이 실험적인 뇌 연구와 손을 잡고 실험결과를 이론적인 면에서 분석하고, 나아가 먼저 가설을 세워서 이론주도로 실험을 디자인해 간다면 멋질 것이다.

또한 학습기계의 개념이 정착되어 기계학습이라는 연구분야가 이로부터 파생되어 확립된 것도 큰 변화였다. 학습능력을 가진 기계를 설계하기 위해 먼저 기계의 학습능력과 그 한계를 밝히고자 하는 새로운 목표가 부상하였다. 이에 더하여 대량의 데이터를 사용할 수 있게 되면서 이를 이용하여 무엇을 할 수 있을지가 궁금하다. 이를 위해서 새롭고 강력한 학습알고리즘이 필요해 졌다. 붐은 수그러들었지만, 이러한 과제가 다음의 붐을 준비하고 있었다.

컬럼

국제학회의 정치와 뉴로 붐의 종말

제2차 뉴로 붐의 열기 속에 국제신경회로학회(INNS)가 결성되어, IEEE와 함께 연구를 추진하는 중심학회가 되었다. 저자도 INNS의 창립이사에 선출되어 후에 회장을 역임하게 되었다. 그러면서 그때까지는 몰랐던 국제학회 정치의 막후도 엿보게 되었다. 문제는 붐의 열기에 있었다. 2000명이나 모이게 되니, 학회는 벌이가 좋은 비즈니스가 되었다. 저자와 유럽의 연구자는 참가비를 인하하여 누구나 자유롭게 참가 가능하도록 해야 한다고 주장했으나, 그 주장은 무시되었다.

물론, INNS는 이 시기에 학회의 운영을 위한 재정기반을 다지고 수천만 엔의 잉여금을 축적하였다. 학회의 운영은 연구자가 직접 하였으니 비용이 들 이유가 없다. 그러나 회원 수도 늘어났으므로 비즈니스 회사에 운영을 위탁하게 되었는데, 이것이 엉뚱한 방향으로 흘러갔다. 그들은 자신들의 회사가 워싱톤에서 잘 알려져 있으니 뉴로 연구의 조성 기금을 수천만엔 이상 받아 올 수 있다고 호언장담하면서 연간 사무운영비로 2000만 엔을 청구한 것이다.

이 건을 INNS의 이사회에서 논의 했을 때, 조금 수상하다고 느낀 사람들이 있었을 것이다. 저자는 영어로 행해지는 토론 내용을 자세히 파악하지 못하고, 미국인들이 괜찮다고 하면 괜찮겠지 하는 안이한 생각에 동의하고 말았다. 그러나 2~3년 만에 이는 파국에 이르렀다. 더 이상 학회는 돈벌이가 되지 못하는데도 자금은 계속 빠져나갔다. INNS의 축적된 자금은 순식간에 바닥이 났다.

IEEE와 INNS의 협력 체제도 자금쟁탈을 둘러싸고 무너져, 쌍방이 별도로 국제학회를 여는 사태에 이르렀다. 저자가 INNS의

회장이 되었을 때에 양자를 조정하여 다시 합동 학회를 열도록 하여 개최된 것이 IJCNN(International Joint Conference on Neural Networks)이었다. 이 학회는 지금도 계속되어 이것도 하나의 추억거리가 되었다. 미국에서의 패권다툼에 질려버려서, 유럽에서는 유럽신경회로학회(ENNS)를 만들고, 일본에서는 일본신경회로학회(JNNS)가 주도하여 아시아의 연구자들을 결집하는 체제를 만들었다.

일본이 주도하여 1993년에 나고야에서 개최한 국제학회도 IJCNN이었다. 이것도 주도권을 둘러싼 다툼이 있었다. IEEE는 자신들이 주도권을 잡겠다고 주장하였고, 저자는 일본에서 열리는 학회는 연구실적도 있고 역사도 긴 일본연구자가 주도하여 개최하겠다고 주장하여 논쟁에 논쟁을 거쳤다. 결국은 일본의 연구자가 모두 책임을 지고 진행하여 큰 성공을 거두었다. 이를 계기로 생겨난 것이 아시아의 연구자들 간의 협력제제이다.

아시아는 각국의 발전단계가 다르다. 따라서 패권을 쫓지 않고 아시아와 태평양 지역의 각국이 협조하는 것을 기본방침으로 하여 학회 연합을 결성하고, 중국 및 한국과도 협력 체제를 구축하였다. 이 당시에는 일본의 학술 수준이 단연 뛰어났다. 저자가 학회의 인사말에서 앞으로 10년만 지나면 아시아의 주요 국가의 수준이 상승하여 미국, 유럽, 아시아가 대등한 협력

관계가 형성될 수 있을 것이라고 말했을 때, 많은 사람들은 반신반의하였을 것이라 생각한다. 그러나 이는 현재 실제로 실현되고 있다.

제3차 뉴로 붐: 신경회로망의 역습

제 2차 붐이 침체된 후 다시 사반세기가 흘렀다. 뉴로 붐은 열매 맺지 못하는 꽃인가 했더니 불사신으로, 부활을 이루었다.

21세기에 들어서서 컴퓨터의 능력은 한층 더 도약했다. 한편, 통신기술도 비약적으로 발전하여 인터넷이 사람들의 생활 깊숙이 들어와 정착하고 있다. IoT(Internet of Things)가 주목을 받고, 다양한 장치가 인터넷에 연결되어 대량의 데이터를 자유롭게 획득할 수 있게 되었다. 이것이 사회의 기반을 변화시키고 새로운 국면을 불러왔다.

“패턴인식”은 오래전부터 개발된 기술로, 손으로 쓴 문자인식, 음성인식, 영상인식, 의료진단, 문서의 인식 등 여러 가지 종류가 있다. 예전에는 각각의 과제마다 그 특성을 살려서 인식장치를 만들고, 컴퓨터로 실행하였다. 그 성능은 분명히 향상되었으나, 인간과 비교하면, 사람이 기계보다 인식률이 높은 것이 사실이었다. 그러나 이제는 사람의 우월성이 위협받고 있다.

퍼셉트론 형태의 신경회로망을 사용하여 패턴인식을 수행하는 연구는 끊임없이 계속되어 왔다. 지금까지의 연구는 대부분 3층 구조로, 중간층(은닉층)을 한 개만 가지는 대신 뉴런의 수를 대량으로 사용함으로써 그럭저럭 좋은 성능을 보이고 있었다. 기계학습에서 성과를 낸 서포트벡터머신(support vector machine)도, 3층 퍼셉트론의 한 종류라고 볼 수 있다.

한편, 층을 많이 깊게 쌓아 가면 뭔가 새로운 돌파구가 열리지 않을까 하는 집념으로 연구를 계속해 오고 있던 사람들도 있었다. 캐나다에서 뇌의 이론과 인공지능을 연구하고 있던 힌튼(Hinton)은, 2006년에 "심층학습(deep learning)"이라는 구상을 세상에 발표하고, 이것으로 종래의 방식을 뛰어넘는 패턴인식 성능을 얻을 수 있음을 보였다.

힌튼은 제 2차 붐의 주역 중의 한 명이었기 때문에 긴 시간에 걸친 연구에의 집념은 놀라운 것이었다. 뇌는 정보를 계층적으로 처리해 간다. 그 계층은 여러 단으로 분리되어 각각이 특유의 정보 표현을 가진다. 그러면서 외부의 구조에 맞춘 정보 표현법을 내부에 자동적으로 만들어 간다. 심층학습은 이 과정을 수행하고자 하는 것이다.

힌튼 그룹은 10층이나 되는 다층의 구조을 가진 회로를 사용하였다(지금은 30층을 넘는 것도 있다). 이 회로는 또한 "볼츠만 머신(Boltzmann machine)"이라는 구성요소를 가지고 있다. 이것은 확률적으로 동작하는 회로로, 정보를 순방향으로 전달하는 것 뿐 아니라 역방향으로도 전달하므로 시간에 따라 흥분의 상태가 변화해 가는 다이나믹스가 필요하여 피드백을 갖춘 확률적인 신경회로망이다. 이것을 여러 층으로 쌓아 올린다.

게다가 처음부터 교사학습을 하는 것이 아니라, 처음에는 자기조직화를 수행하여 외부의 정보구조를 획득한다. 이 뿐 아니라, 고성능을 내기 위해 자세히 말하기는 힘든 여러 가지 방법들이 들어가 있다. 이것은 일본의 뇌 모델의 선구자 후쿠시마 쿠니히코가 오래 전에 제창한 네오코그니트론(Neocognitron)이라는 다층 신경회로망에, 저자가 제창한 확률강하학습법(앞에서 설명하였듯이, 뒤에 오류역전파 학습법으로 널리 퍼졌다)을 추가하여 큰 규모로 확장한 것이다.

얼굴인식의 과제에서는 얼굴의 방향을 변화시키거나 기울이거나, 화장을 달리하고 표정을 바꾸는 등으로 변화시킨 많은 수의 사람 얼굴을 사용한다. 그 중에서 두 개의 영상이 동일 인물의 것인지를 판정하는 프로그램이 있다.

매년 열리는 얼굴인식 성능을 경쟁하는 인공지능 대회에

서, 2012년에 심층학습이 등장하여 다른 방법들을 압도적으로 누르고 1위를 차지하였다. 게다가 상위를 차지한 것은 모두 심층학습의 신경회로망이었다. 그 성능은 점점 상승하여 지금은 사람의 성능을 뛰어넘고 있다. 이것을 신경회로망의 역습이라고 부르는 사람도 있다.

얼굴인식 뿐만이 아니다. 패턴인식의 많은 분야에서 심층학습이 다른 방법을 누르는 놀라운 성능을 나타내면서 세상이 변화하고 있다. 심층학습의 좋은 점은, 패턴인식의 경우, 문자나 음성 등 특정한 대상에 의존하지 않고 같은 심층구조 회로를 사용하여 인식이 가능하다는 것이다. 학습하는 예제만 변화시키면 각각의 문제에서 좋은 성능을 얻을 수 있다. 대규모의 소셜네트워크계 회사, 구글이나 야후, 중국의 바이두 등이 막대한 자금을 투입하여 연구소를 만들고 전세계에서 연구자를 모아 연구를 계속하고 있다. IBM의 활약에 대해서는 6장의 인공지능의 역사를 설명할 때 얘기하겠다.

심층학습은 지금은 뇌의 모델 뿐 아니라 인공지능으로서 정보회사의 기반기술이 되어 주목을 받고 있고, 이것이 제 3차 뉴로 붐을 일으켰다. 이는 나중에 설명할 3차 인공지능 붐과 함께 일어났다.

물론 뇌로부터 배울 점은 심층학습 뿐만이 아니다. 신경회로의 흥분 전파의 다이나믹스에 의한 정보처리를 어떻게 도입할 것인지, 또한 뇌의 기억방식으로부터 어떤 점을 배울지, 이런 것들이 이후의 큰 과제이다. 말하자면, 지금까지 대립해 왔던 뇌과학과 인공지능이 이제부터는 손을 잡고 발전해갈 것인지, 기대해 볼 만 하다.

수학을 이용하여 뇌를 생각한다는 것

수학을 사용하여 뇌의 구조를 해명해 보겠다고 하면, 깜짝 놀라는 사람이 많을 것이다. 무리도 아니다. 생물학과 수학은 지금까지도 멀리 떨어져있다고 생각되고 있다.

그러나 물리학이든, 화학이든, 현상의 관찰로부터 시작하여 그 구조를 이론으로 정비하려면 그 안에 숨은 법칙을 수식으로 표현하게 된다. 이에 따라 현상을 지배하고 있는 원리가 해명 가능하다.

생명현상은 복잡하여 종에 따라 나타나는 방법이 다르고 놀랄 만큼 다양하다. 이는 진화의 결과로 나타난 것이다.

정보처리에 특화된 뇌의 기능을 생각하면, 여기서도 진화의 결과로 합리적인 것이 선택되고 있다. 거기에는 뉴런과 같은 소자를 사용하여 실현 가능한 정보처리의 기본원리가 있고, 생명은 그것을 실현하는 뇌를 만들어 왔다. 진화의 과정에서 발견한 것이므로, 원리의 실현에는 재료의 제약이 있다. 게다가 역사적인 숙명을 안고 있어서, 지금까지 실현해온 것 위에 덮어 올리는 형태로 새로운 것을 만들어 가지 않으면 안되었다.

개별적인 현상을 관찰하는 것은 생명과학의 측면에서 재미있는 문제 이다. 여러 가지 종에 각각 놀랄 만큼 다양한 구조가 존재하고, 이것이 순조롭게 동작하고 있다. 그 개별성을 밝히는 것도 생명과학에서는 중요하다. 저자와 같은 이론학자의 관점에서는, 개별성은 무시하고라도 정보의 기본 원리에 대해 알고 싶어진다. 이것을 수학 이론으로서 확립시켜 보편성 있는 원칙으로 만들기를 원한다.

원리를 추구하기 위해서는 모델을 사용한다. 가능한 한 단순한 신경회로 모델을 구축하고, 그 동작을 이론적으로 분석한다. 단순화 시킨 것은, 언뜻 보면 실제 대상과 비슷한 듯하면서 다를 수도 있다. 그러나 거기에 정보처리의 본질이 관계된 구조가 포함되어 있다면 그로부터 원리를 구축할 수 있다. 단순한 모델이라고 해도 동작은 복잡하므로, 수학을 사용하여 해석 가능한 것이 바람직하다.

뇌가 실현하는 원리, 뇌가 의존하는 원리는 한 가지가 아니다. 뇌는 미시적인 것부터 거시적인 것 까지 여러 가지 계층을 가지고, 각각이 차례로 연결되어 있다. 그 기능도 다양하다. 따라서 극히 다양한 원리를 복합적으로 사용하고 있음이 틀림없다.

물리학이라면 역학, 전자기학, 양자역학 등 각각이 원리가 있고 대부분 독립적으로 이론이 구축되어 왔으나, 뇌는 그렇게 할 수는 없다.

물리의 경우도, 우리들이 현실에서 보는 현상은 복잡하다. 역학이 확립되었다 해도, 바람이 불고, 꽃잎이 흩날리고, 먼지가 날리는 현상을 기본 원리로 설명해 보라고 하면 어려워진다. 그러나 물리의 경우에는 이상적인 현상이 존재했다. 뉴턴의 역학에서는 천체는 대부분 질점으로 간주할 수 있고, 천체의 운동은 역학의 법칙에 따라 움직이고 있다. 이것을 관측하여 그로부터 역학의 법칙을 유출할 수 있다. 지상의 물체에도 같은 법칙이 원리로 작용하고 있는 것을 파악하려면 상상력이 필요하다.

양자역학이나 물리이론에서도, 극저온이나 고온고압과 같은 특별한 상황에서 법칙이 직접 나타나는 계를 만든다. 이것을 관측함으로써 이론을 만들고 검증하는 것에 도움을 줄 수 있다.

생명의 경우에는 이러한 이상적 현상을 만들기 어렵다. 그런 상황에서는 생명은 죽어버리기 때문이다. 따라서 그 대신 단순한 모델을 만들어 그 동작을 해석한다. 이로부터 알아낸 법칙이 실제의 뇌 안에서 어떤 형태로 실현되고 있는지를 살펴보는 것은 그 다음의 얘기이다.

때문에 수리뇌과학은 신경회로망에 숨어있는 가능성을 원리 체계로서 수학적으로 정식화 하는 것을 목적으로 한다. 그러나 안타깝게도 이론뇌과학 중에서도 수리뇌과학은 소수파이다.

많은 이론가가 선택하는 길은 계산론적 신경과학이라고 불리는 것이다. 이것은 현실의 뇌의 여러 부위가 그 동작을 통해 어떤 계산을 실행하고 있는지를 엄밀하게 정식화하여 실험과 조합하면서 이해하는 것을 지향한다.

여기서도 신경회로 모델을 사용하지만, 이는 가능한 한 현실에 가까운 것이 좋다고 여겨진다. 가공의 모델은 논외라고 보면 된다. 이를 통해 현실의 뇌에서 일어나고 있는 현상이 설명될 수 있다면 현상을 바르게 해석했다는 증거가 된다. 제2차 뉴로 붐 이후에 이러한 입장이 강력해져서 지금은 뇌과학의 중요한 한 축을 이루고 있다. 여기에서는 구체적인 실험과 결합된 연구, 가능한 한 실험연구자와 함께하는 공동연구가 높이 평가된다.

수리뇌과학은 이와는 조금 다르게, "원리"를 추구하는 이론이다. 저자는 이 입장에 서 있는 소수파라고 할 수 있다. 물론 몇 가지 원리에 대한 이해가 얻어졌다고 해도, 현실의 뇌가 그 원리를 어떻게 실현하고 있는지는 해명해야할 또 다른 큰 문제라고 할 수 있다.

뇌를 이해하기 위해서는 뇌가 원리를 어떻게 실현했는지, 그 구조를 해명하는 것을 빠트릴 수 없다. 계산론적 신경과학은 그 갭을 메우고, 원리가 뇌 안에서 실현하는 모습을 계산론으로 밝혀내므로, 양쪽이 모두 중요하다.

신경회로를 사용하여 수행하는 계산 원리를 몇 가지 알아냈다고 하자. 이것은 뇌 뿐 아니라 공학으로써 정보처리장치를 구현하는 데에도 사용할 수 있다. 그 구조를 이용하여 인공지능을 만들면 될 것이다. 뇌를 그대로 흉내 낼 필요는 없다. 뇌가 사용하고 있는 기본 원리, 뇌가 진화의 과정에서 획득한 원리를, 뇌와는 전혀 다른 형태로 공학기술로 실현하면 되는 것이다.

제3의 뇌과학, 시뮬레이션의 도전

뇌 이론의 여러 분야 중에 시뮬레이션이 있다. 컴퓨터의 능력이 놀랄 만큼 높아짐에 따라, 원리는 잘 알고 있지만 복잡하여 도저히 계산할 수 없는 것을 컴퓨터 시뮬레이션으로 풀어보자고 하는 분야가 출현한 것이다.

유사한 예로는 기상 예측 분야가 있는데, 태풍의 진로 예상에서 위력을 발휘하고 있다. 그 외에도 수만 개의 원자로 이루어진 단백질의 형태를 결정하고 기능을 밝히는 분야도 이에 해당된다. 이를 통해 신약을 개발하는 것을 목적으로 한다. 시뮬레이션은 실험 및 이론과 함께 제3의 과학 방법으로도 평가된다.

뇌는 너무 복잡하여 알기 힘들다. 그러니 차라리 시뮬레이션을 통해 어떤 동작을 하는지 살펴보고자 하는 욕구가 일어난다. 이것이 가능하다면, 원숭이나 생쥐 같은 실험동물을 사용하지 않는 뇌연구가 가능하다. 현재 유럽에서는 이것을 실현하기 위해 "휴먼 브레인 프로젝트"라고 하는 대형 공동 연구가 진행되고 있고, 유럽연합이 이를 강력히 서포트하고 있다.

그러나 뇌를 시뮬레이션하는 경우는 다른 것들과는 조금 다르다. 기상이나 단백질의 경우는 기초 원리는 이미 밝혀져 있지만 현상이 너무 대규모이고 복잡하여 계산이 불가능한 경우이다. 따라서 시뮬레이션을 해 보자고 하는 것이 일리가 있다.

뇌의 경우는, 원리도 모를 뿐 아니라, 뉴런의 상세한 동작이나 회로의 결합에 대한 상세한 부분, 예를 들어 시냅스의 효율의 수치를 구체적으로 알고 있는 것도 아니다. 가공의 모델을 만들어 이를 아주 상세하게 조사한다고 해도, 도대체 무엇을 알 수 있을지 말하기 힘들다.

유럽에서는 실제 생쥐의 뇌를 상세하게 조사하여 실물과 꼭 닮은 뉴런 배치와 결합을 조사해 보자는 전략을 세우고 있으나, 이에 대한 평판은 그리 좋지 못하다.

일차적으로, 생쥐의 뇌라고 해도 모두 밝혀내기는 힘들다. 실물과 동일하다고 해도 미세한 분자 구조까지 일치시킬 수는 없다. 게다가 아무렇게나 시뮬레이션 한다고 해도, 그로부터 무엇을 알 수 있을지는 불명확하다. 생쥐의 뇌에 전극을 꽂아 그냥 측정한다고 해도 이것만으로 정보의 구조를 알 수 없는 것과 마찬가지이다.

실험학자들은 잘 짜여진 패러다임을 세워 실험 내용을 설정하고, 조사해야할 가설을 염두에 두고 실험을 설계한다. 이것이 안되면 복잡한 현상을 시뮬레이션을 해도 복잡한 그대로 끝날 뿐, 성과를 얻을 수 없다.

유럽에서는 이 프로젝트에 대한 재검토가 이루어지고 있다. 저자가 주장하는 바는 이론이 필요하다는 것이다. 시뮬레이션하면 모두 알 수 있다고 안이하게 생각할 문제가 아니다.

물론, 시뮬레이션은 중요하다. 이론모델을 세운다고 해도, 이것이 수식으로 풀리는 경우는 적다. 시뮬레이션을 수행하여 그 동작을 확인하고, 그로부터 힌트를 얻어 이론을 만드는 것도 중요한 방법이다. 다만, 그 한계를 분명히 해야 할 것이다. 일본에서도 고베에 있는 이화학연구소의 "경"이라는 컴퓨터를 사용하여 뇌 전체의 시뮬레이션을 하고자 하는 연구 움직임이 있는데, 그것은 또 그것대로 재미있는 테마이므로 열심히 해 주기 바란다.

제4장

수학으로 뇌를 해석한다 (1)

신경흥분의 역학과 정보처리의 구조

수학의 이론을 사용하여 뇌의 구조를 생각하는 학문을 "수리뇌과학"이라고 한다. 정말로 그런 연구가 가능한지, 수리의 세계를 펼쳐 보이겠다. 신경회로는 어떻게 흥분하고, 기억은 어떻게 쌓이게 되는 것일까?

뇌 · 마음 · 인공지능

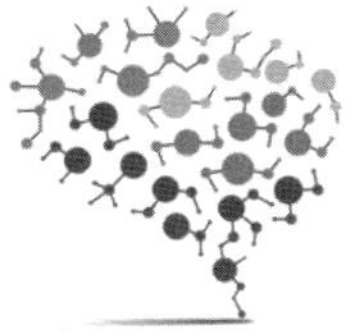

신경흥분의 역학과 정보처리의 구조

수리뇌과학이란, 뇌가 실현되는 원리를 단순한 모델을 사용하여 수학적으로 밝혀내는 분야이다. 앞 장에서 그 원리를 설명하였지만, 정말 그런 것이 가능할까 하고 의심하는 독자도 있을 것이다.

수학 이론으로 뇌의 무엇을 알 수 있는지, 이 질문에 대답하기 위해 이 장과 다음 장에서는 수식을 가능한 사용하지 않으면서도 뇌의 구조와 원리를 수학으로 납득시킬 수 있도록 설명해 보겠다. 수학이론에 그다지 흥미가 없는 독자는 이 장과 다음 장을 뛰어 넘어도 좋고, 대충 훑어보면서 다음 장으로 넘어가도 상관없겠다.

우선 이 장에서는 신경의 흥분이 뇌 안에서 퍼져가는 다이나믹스를 생각하여, 그것이 정보처리와 어떻게 연결되는지를 알아본다. 기억의 다이나믹스도 여기에 포함된다. 수리뇌과학을 천천히 감상해 보기 바란다.

신경의 흥분을 거시적으로 보다–통계신경역학이란 무엇일까?

신경회로망에서 일어나는 흥분의 시공간 패턴의 다이나믹스에 있어서, 흥분의 거시적인 양상에 대하여 다루는 것이 "통계신경역학"이다. 이것은 물리학의 통계역학에 바탕을 두고 있다.

우선은 이 통계신경역학에서 수행하는 연구방법을 소개하겠다.

다수의 뉴런을 결합하면 회로가 생긴다. 뇌는 이러한 회로를 계속 계층적, 구조적으로 연결하여 이루어 진 것이다. 개개의 뉴런은 다른 뉴런으로부터 신호를 받아 계산을 수행하고, 결과를 다른 뉴런에 전달한다. 이렇게 하여 신경흥분이 전파되고, 정보가 처리된다.

이것이 신경흥분의 다이나믹스이다. 개개의 뉴런의 활동을 살펴보는 미시적인 관점도 중요하지만, 다수의 뉴런으로 이루어진 집단이 어떻게 움직이는지, 거시적으로 살펴보는 관점도 중요하다. 많은 경우에 뇌는 개개의 뉴런이 기초를 이루긴 하지만, 집단으로 정보를 처리하기 때문이다.

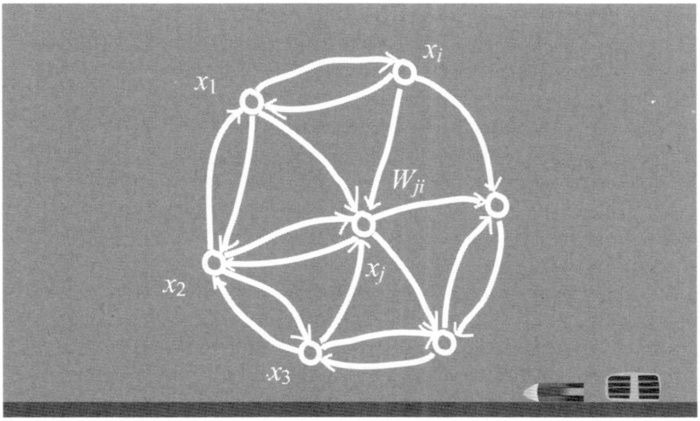

■ **그림 4-1.** n개 뉴런의 활동상태
x_1에서 x_n까지의 n개의 뉴런이 있을 때, x_i에서 x_j로의 결합의 가중치를 w_{ji}로 나타낸다.

n개의 뉴런을 생각해 보자. 뉴런에 번호를 붙여서, i번째 뉴런이 t시간에서 흥분상태인지 아닌지를 $x_i(t)$로 나타낸다. $x_i(t)=1$이면 i번째 뉴런은 흥분상태이다. 0이면 흥분하지 않은 상태이다.

뉴런 i로부터 뉴런 j로의 결합의 강도를 w_{ji}라고 나타내자(그림 4-1). 그러면 다음 시간에서 뉴런 k의 상태(흥분인지 아닌지)는 그 누런으로 들어가는 입력신호의 가중합으로 결정된다. 이것을 식으로 나타낸 것이 식 4-1①이다. 식에서 h는 역치이다.

(식 4-1) $$x_k(t+1)=f\left\{\sum_{j=1}^{n} w_{kj}\,x_j(t)-h\right\}$$ ①

$$\boldsymbol{x}_{t+1}=f(W\boldsymbol{x}_t-h)$$ ②

$$\boldsymbol{x}=(x_1, x_2, \cdots x_n)$$

식은 복잡하므로, n개의 뉴런의 상태를 모두 묶어서 벡터 $\boldsymbol{x}$로 나타내고, 결합의 가중치 w_{ji}를 모두 모아서 행렬 W로 나타내면, ②와 같이 식을 간단히 표현할 수 있다. W는 w_{ji}를 원소로 가지는 행렬이다. 이 식은 시각 t에서의 회로의 상태 $\boldsymbol{x}_t$가 발전하여 다음 시각 $t+1$에서 $\boldsymbol{x}_{t+1}$로 변화하는 과정을 나타낸 것이다.

이것이 회로의 흥분상태에 대한 미시적인 다이나믹스를 기술하는 방법이다. 이 다이나믹스는 결합의 가중치 W를 정하면 그에 따라 결정되지만, 매우 복잡하다.

단기기억을 유지하는 방법을 생각한다

개개의 뉴런의 흥분, 비흥분을 하나씩 미시적으로 보는 것 뿐 아니라 사물을 거시적인 관점에서 바라보고 n개의 뉴런 중 몇 퍼센트가 흥분하고 있는지를 살펴보는 것만으로 충분하다고 생각하는 거시적인 입장도 존재한다.

여기서는 어떤 뉴런이 흥분했는지에 관한 미시적인 내용은 우선 무시한다. 그 대신 n개의 뉴런 중 몇 퍼센트가 흥분했는지를 나타내는 거시적인 양 X를 사용한다. 이것을 회로의 "활동도"라고 한다.

(식 4-2)

$$X_t = \frac{1}{n}\sum_{i=1}^{n} x_i(t) \quad ①$$

$$X_{t+1} = F(\bar{W}X_t + S) \quad ②$$

$$\bar{X} = F(\bar{W}\bar{X} + S) \quad ③$$

시각 t에서의 활동도 X_t는 식 4-2와 같이 나타낼 수 있다. 이것이 회로의 거시적인 상태이다. 이것이 다음 시간에 어떻게 발전하여 X_{t+1}이 되는지를 살펴보고 싶다.

물리의 통계역학은 거시적인 물리상태가 시간에 따라 어떻게 변해가는 지를 나타내는 역학에 관해 연구한다. 예를 들어 방안의 공기를 보면, 거기에는 기체분자가 충만하게 떠서 움직이면서 충돌을 반복한다. 개개의 분자의 위치와 충돌을 미시적으로 보는 것이 아니라, 거시적인 양인 온도, 체적, 기압 등을 보고 그로부터 어떻게 변화해 가는지, 그 법칙을 알아내는 것으로 충분한 경우가 많다.

미시적인 충돌의 역학을 바탕으로 거시적인 상태의 법칙

을 이끌어내는 것이 통계역학이다. 이때, 기체 분자의 충돌은 랜덤하게 정해진다고 하고, 미시적인 내용은 신경쓰지 않고 계산을 수행한다.

신경회로의 경우, n의 제곱개나 되는 결합의 가중치 w_{ji}의 값 하나하나는 어떤 값이 되든 상관없다고 하자. 이는 미시적인 세계의 일일 뿐이다. 대신 이들 가중치의 평균치와 분산을 중요하게 생각한다. 다시 말해, 가중치들은 어떤 확률법칙에 따라 확률적으로 결정된다고 하고, 이 때 활동도 X_t가 시간에 따라 어떻게 변화해 가는지를 살펴본다. 이것이 통계신경역학에서 수행하는 연구이다.

결합 가중치의 평균치를 분산으로 보정한 어떤 거시적인 양을 $\bar{W}$라고 하자. 그러면, 현재의 활동도가 X_t일 때, 다음의 활동도 X_{t+1}를 결정하는 식이 식 4-2②가 된다. 여기서 F는 증가함수(전문가들은 이를 시그모이드함수라고 한다)이고, S는 외부로부터 이 회로에 들어오는 자극의 총합이다.

이 식에 따라 다이나믹스가 진행될 경우, 시간이 지남에 따라 회로의 활동도는 어떤 값에 정체될 것인가. 이것이 식 4-2③의 식을 만족하는 $\bar{X}$가 되면, 다음 시간에도 그 값 그대로 더 이상 변화하지 않는다. 이것을 "평형상태"라고 한다.

평형상태는 상태의 변화 식을 그래프로 나타내보면 바로 구할 수 있다. X_{t+1}을 X_t로 나타내는 F의 식을 그래프로 그

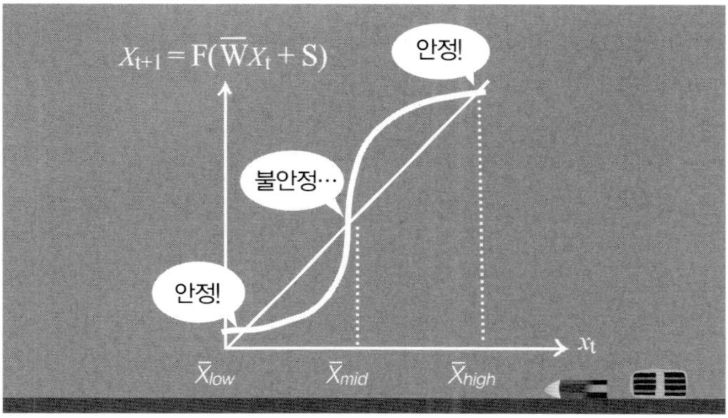

■ **그림 4-2.** 신경회로의 활동상태 변화
신경회로의 결합 가중치 $\bar{X}$가 일정치를 넘으면 $\bar{X}_{low}$,$\bar{X}_{mid}$,$\bar{X}_{high}$의 3개의 점에서 평형상태가 나타난다. $\bar{X}_{mid}$는 불안정하여 외부로부터의 입력으로 회로가 활성화되면 활동도는 $\bar{X}_{high}$에서, 활동도가 낮으면 $\bar{X}_{low}$에서 안정화된다.

리면, 이 곡선이 45도의 직선 $X_{t+1} = X_t$와 만나는 점이 평형상태 $\bar{X}$가 된다(그림 4-2). 재미있는 점은, $\bar{W}$가 어느 정도 커지면, 평형상태가 3군데 나타난다는 것이다.

3군데 있는 경우에, 활동도가 높은 상태를 $\bar{X}_{high}$, 낮은 상태를 $\bar{X}_{low}$라고 하자. 중간에 있는 $\bar{X}_{mid}$는 불안정하여 여기에 머무는 것은 불가능하다. 외부입력에 따라 회로가 활성화되면, 다이나믹스에 따라 활동도는 $\bar{X}_{high}$까지 높아지고, 이는 당분간 유지된다. 한편, 활동도가 낮으면 $\bar{X}_{low}$가 되어 여기에 안정화된다.

결국, 회로가 유지 가능한 안정 상태는 2군데 있고, 어느 쪽을 유지할 것인지는 과거의 이력에 따라 결정된다. 이와같은 회로를 "쌍안정"이라고 한다.

쌍안정회로는 일단 여기(들뜸상태)가 되어 높은 활동 상태에 달하면, 이를 위해 필요했던 외부로부터의 자격이 사라져도 그것을 유지하는 것이 가능하다. 다시 말하면, 과거의 자극을 기억하여 유지하는 것이 가능하다. 따라서 일련의 작업을 할 때에 이 방식으로 과거의 자극을 유지하면 된다. 이와 같은 일시적인 기억은 "작업기억"이라고 불리는데, 회로의 쌍안정성이 그 기초가 된다.

뉴런은 인간 사회와 같다?

뉴런은 다수결소자이다. 인간사회에서도, 개인은 주위 사람의 의견에 영향을 받는다. 이는 뉴런의 회로망도 마찬가지이다. 이 경우에 사람과 사람을 연결하는 회로망이 있어서, 어떤 사람의 의견이 또 다른 사람의 의견에 플러스 영향을 준다면, 그 두 사람을 연결하는 결합치 w는 양수, 반발하는 방향으로 영향을 준다면 음수로 생각하면 되겠다. 각 사람의 찬반 의향은 그 사람 고유의 역치 h의 크기에 의해 결정된다.

개개인이 의견교환을 하면서 다수의견을 형성해가는 과정은 미시적인 다이나믹스를, 전체의 의향은 거시적인 다이나믹스를 따른다. 이것은 활동도 X를 결정하는 식과 동일하다.

옛날 고대 그리스의 델포이신전에서는 사람들이 모여 신의 목소리인 "신탁"을 듣는 집회가 있었다. 직접민주주의의 그리스에서는 집회 뿐 아니라 투표도 종종 행해져 토론하여 다수결로 의견을 정했다고 한다. 하지만, 한 번에 투표로 결정하는 단발주의가 아니라, 최초의 투표의 결과를 공표하고, 피드백을 받아, 모두가 이를 참고로 하여 재투표를 하는 방식도 행해졌다고 한다. 이렇게 함으로써 뿔뿔이 흩어져 있던 의견이 잘 수렴되어진다.

현대에도, 미래기술의 실현시기를 예측하는 조사 등에서 이러한 방법이 자주 사용된다. 어떤 기술이 언제쯤 발명될 것인가의 예측에서 전문가들의 의견을 집계하여 다시 되돌려주고, 전문가는 이를 참고로 다시 자신의 의견을 정해도 좋다. 이것을 의견 분포가 안정될 때까지 반복한다. 이 방법은 고대그리스의 신탁지 델포이(영어명은 델파이)를 본떠서 "델파이법"이라고 불린다.

신경회로의 다이나믹스에서도 델파이법이 행해지고 있다. 어떤 법안의 찬반을 결정함에 있어서 사람들의 의견이

팽팽히 맞서고 있다고 하자. $\bar{W}$가 커서 다른 사람의 의견에 영향을 받기 쉬운 사회에서는, 다이나믹스는 두 개의 안정한 평형상태를 가진다. 누군가가 큰 소리를 내면, 그에 영향을 받아 찬성의 비율이 점점 높아지고, 지지율(뉴런의 경우 활동도 X)이 높은 곳에서 안정화된다. 그러나 처음에 반대가 많으면, 이에 이끌리어 낮은 쪽의 평형상태로 떨어지게 되는 것이다. 이과 같은 부화뇌동성은 민주주의가 가지는 하나의 문제점이기도 하다.

회로집단들을 다시 결합해보자

지금까지는 비교적 균등한 뉴런을 연결한 신경집단을 생각하였다. 이것은 쌍안정이지만(단안정의 경우도 있음), 그것만으로는 복잡한 정보처리는 어렵다.

타입이 서로 다른 뉴런들로 이루어진 신경집단을 몇 개 만들어, 이 집단들 간을 연결하여 더 큰 시스템을 만든다고 하자(그림 4-3). 실제의 신경회로는 이를 반복하고, 더 위의 계층으로 연결되어 간다.

하나의 집단 내부는 같은 종류의 뉴런들로 이루어져서 비교적 균질하지만, 집단들 간의 결합의 가중치는 이와는 다

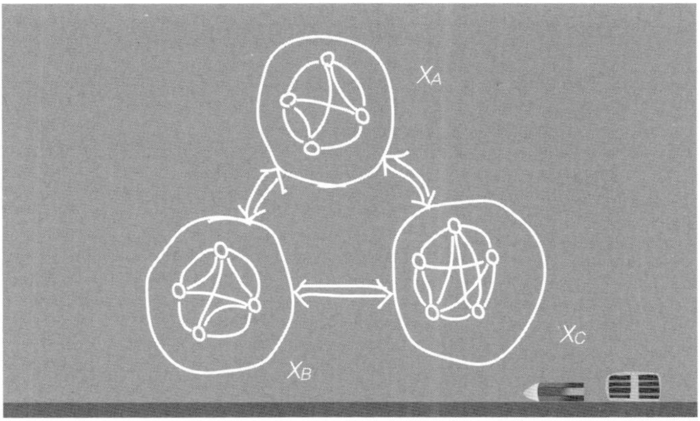

■ **그림 4-3.** 타입이 서로 다른 신경집단의 연결
3개의 신경집단이 각각 내부에서 연결됨과 동시에 서로 다른 집단 간의 뉴런도 상호 연결되어 있다.

르다. 집단 A로부터 집단 B로의 뉴런의 결합의 가중치는 거시적으로 보면 $\bar{W}_{BA}$가 된다고 하자.

집단별로 활동도가 결정되어, 이것이 거시적인 상태를 이룬다. 집단 A의 활동도를 X_A 라고 하자. 시각 t에서 각 집단의 활동도가 결정되면, 다음 시각 $t+1$에서의 활동도, 예를 들어 집단 A의 활동도는 식 4-3①과 같이 나타낼 수 있다. 이 식을 유도해 내기 위해서도 통계신경역학이 필요하다.

(식 4-3)

$$X_A(t+1) = \bar{F}\left(\sum_B \bar{W}_{AB} X_B(t) + S_A\right) \quad ①$$

$$X(t+1) = \bar{F}\left(\bar{W}X(t) + S\right) \quad ②$$

재미있는 점은, 이 식은 다른 집단의 활동도에 가중치를 곱해서 더한 후, 그것을 새로운 함수 $\bar{F}$에 의해 변환시킨 값이 된다. 그에 더하여 집단 A에 외부로부터의 자극이 들어가면 그것을 S_A라고 나타낸다. 회로집단 A, B, C 등의 활동도를 모아서 벡터 X라고 하면, 그 시간에 따른 변화를 식 4-3②와 같이 간단한 식으로 쓸 수 있다.

이 식을 보면, 집단을 결합한 회로의 활동도의 역학은 뉴런을 결합한 회로의 역학(식 4-2②)과 비슷함을 알 수 있다.

다만 하나의 집단이 쌍안정이면 그 자체로 기억을 유지하지만, 하나의 뉴런은 그렇지 못하다. 회로집단의 다이나믹스의 평형상태, 다시 말해 상태가 유지되는 안정된 상태는 일반적으로 여러개 존재한다. 이는 각 집단의 평형상태의 조합이지만, 어떤 조합도 모두 유지 가능한 것은 아니다. 평형상태 방정식이 만족되는 특정한 조합만이 가능하다. 집단의 계는 안정 상태가 여러개 존재하는 다안정이다. 안정평형상태를 모은 것을 "어트랙터(잡아당기는 것이라는 의미)"라고 부른다. 상태가 그곳으로 끌려 들어가기 때문에 붙여진 이름이다.

안정을 유지할 수 있는 상태가 k개 있다고 하자. 그러면 정지 상태에 있는 회로 시스템에 외부의 자극이 들어오면 변화되어 어딘가 하나의 안정 상태로 들어가 이를 유지한다. 안정상태가 많이 존재하면, 다이나믹스에 따라 그 중 1개가 선택되어 이것을 유지하는 작업 기억이 된다. 이 시스템은 바로 뒤에서 소개하는 연상기억 모델에도 사용된다.

뇌는 카오스를 이용한다

정적인 기억 뿐 아니라, 보다 동적인 상태도 만들 수 있다. 간단히 설명하기 위해 흥분성 뉴런과 억제성 뉴런의 두 집단이 결합한 계를 생각한다 (그림 4-4).

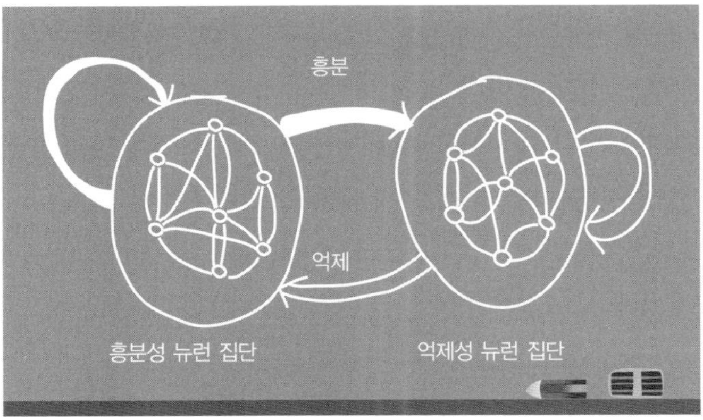

■ **그림 4-4.** 신경집단의 발진
흥분성 뉴런 집단의 활동도가 높아지면, 억제성 뉴런 집단의 활동도를 높인다. 그러면 이번에는 억제성 뉴런이 흥분성 뉴런의 활동을 억제시킨다. 이렇게 상호 영향을 주고받아 진동이 발생한다.

외부로부터의 자극이 방아쇠역할을 하여 흥분성 집단의 활동도가 높아지면, 이에 자극받아 억제성 집단의 활동도도 높아진다. 그러나 억제성 집단의 활동도가 높아지면 이것이 흥분성 집단을 억제하여 활동도를 낮추게 된다. 그 결과, 이번에는 억제성 집단에의 흥분입력이 작아지므로 활동도가 약해진다. 그렇게 되면 다시 흥분성집단의 활동도가 억제되지 않게 되므로, 활동도가 재상승하게 된다.

이러한 반복이 일어나면, 신경집단은 일정 주기로 높은 활동도와 낮은 활동도 구간을 진동한다. 이것을 “발진”이라고 한다. 수리뇌과학은 이 현상을 자세히 해석하여 발진이 일어나기위한 조건을 찾는다.

뇌 안에서는 다수의 진동이 존재하여 각각이 고유의 역할을 담당하고 있다. 여기서 소개한 모델은 진동을 생성하는 가장 간단한 메카니즘이라고 할 수 있다.

논지를 약간 벗어나서, 저자 자신의 연구 역사를 되밟아 보겠다. 수리뇌과학(당시에는 이러한 거창한 이름은 없었지만)의 시작점으로 통계신경역학을 선택하여, 다안정과 함께 진동현상의 구조를 밝혀내었다. 그러나 바로 뒤에 미국의 명문 시카고대학의 수리생물학자인 윌슨(Wilson)과 코완(Cowan)이 유사한 구조를 발견하여 이를 적극적으로 선전하였기에 현재에는 “윌슨-코완 모델”로 알려져 있다.

두 곳에서 발견이 되었지만, 그 중 하나만이 승자가 되어 역사에 남는 경우가 있다. 뉴런 집단의 역학과 같이 학계에서의 선취권도 다안정으로, 같은 발견이 있어도 먼저 세계를 제패한 쪽이 승리하여 영광을 얻는다. 이러한 일들은 다른 경우에도 빈번하다. 세계의 한 구석에 있은 일본에서 연구하고 있던 저자는, 논문을 국제학술지에 영어로 발표하기는 했지만 당시는 국제학술대회에 출석 가능한 상황이 아니었으니 어쩔 수 없는 일이다.

신경집단의 다이나믹스는 다안정과 발진 뿐 만이 아니라, 시계열을 생성하고, 또한 카오스 현상을 일으키는 것도 가능하다. 상태는 방정식에 따라서 결정론적으로 전이되지

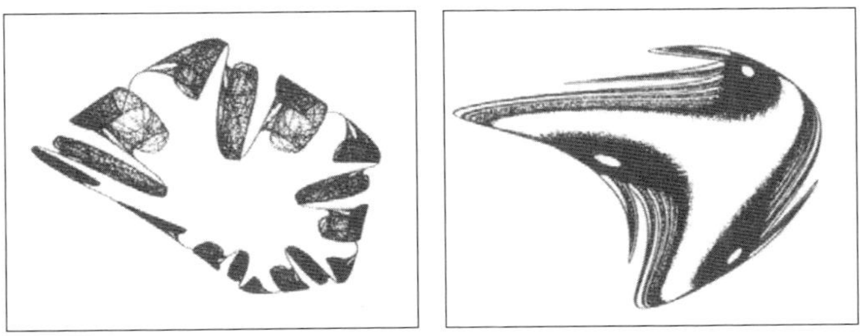

■ **그림 4-5.** 카오스 어트랙터의 두 가지 예
공간의 여러 가지 지점을 맴돌면서 "기묘한 어트랙터"라고 불리는 프렉탈 구조를 가진다.
(J. C. Sprott, Automatic generation of strange attractors, 1993)

만, 카오스에서는 상태의 변화는 극히 랜덤한 것처럼 보인다. 방정식을 알고 있으니 조금 뒤의 일을 예측하는 것은 쉽지만, 그보다 더 먼 미래를 예측하는 것은 어렵다. 상태가 조금 어긋나는 것만으로도 그것이 확대되어버려, 미래는 전혀 다른 양상을 띠게 되기 때문이다.

그러나 이것은 단순히 확률적인 것이 아니고, 상태는 카오스 어트랙터라고 불리는 특수한 영역으로 수렴해 가서 그 내부를 돌게 되지만 주기적 진동을 이루지는 않는다. 그림 4-5에 카오스 어트랙터의 한 예를 나타내었다.

카오스는 비선형의 다이나믹스에서 자주 나타나는데, 뇌는 이것을 활용하고 있다고 생각된다. 다이나믹스에서 상태를 변화시키면서 잘 들어맞는 상태를 발견하는 시스템을 생각해 보자. 이것이 랜덤한 탐색과 비교했을 때 좋은 점은, 다안정 시스템에 카오스 다이나믹스의 효과를 덧붙이면 카오스를 이용하여 안정 상태를 맴돌면서 다음에서 다음으로 탐색하는 것이 가능하다.

랜덤하게 탐색하는 것 보다는 안정상태의 탐색이 훨씬 더 빠르다고 하겠다. 우리들의 사고도 빙빙 돌다가 평형상태에 도달하였을 때, 카오스 편력에 의해 이로부터 탈출하여 새로운 아이디어를 찾아 헤매고 있는지도 모르겠다.

신경장의 흥분역학

대뇌피질은 이차원으로 펴져있어서, 그 위에 뉴런이 빼곡하게 배치되어 있다. 뉴런에는 많은 종류가 있어서, 피질은 6층으로 나누어진다(그림 4-6). 이것을 2차원의 좌표평면으로 보고, 각 위치에서의 뉴런 집단의 활동을 거시적인 상태변수로 보아 그 다이나믹스를 조사해 보자.

이야기를 간단히 하기 위하여, 2차원이 아닌 1차원으로 축소한 경우도 생각한다. 이 때 계층은 하나로, 여기에 흥분

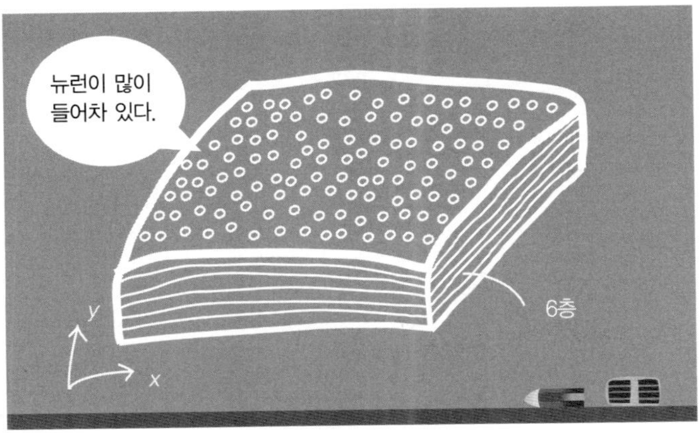

■ **그림 4-6.** 대뇌피질의 6층 구조
대뇌피질은 6층으로 나누어져있어서, 각 층에 뉴런이 가득 차 있다. 이를 x와 y의 2차원 평면으로 생각해 보자.

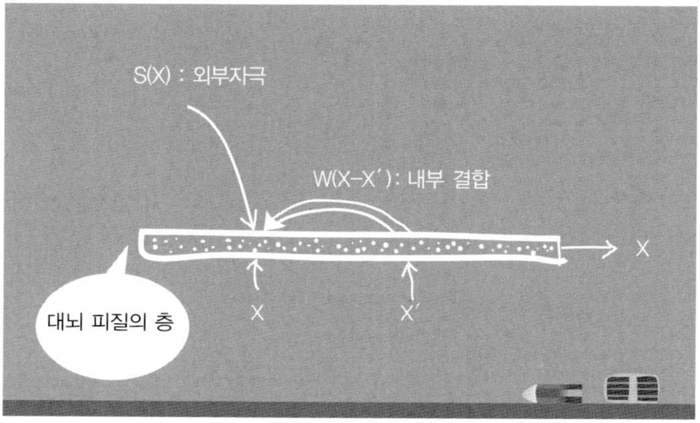

■ **그림 4-7.** 1차원의 신경장
위치 x에 있는 뉴런은 다른 위치 x'의 뉴런의 흥분으로부터의 자극을 가중치를 가지고 $w(x-x')$로 받아들이고, 또한 외부로부터 강도 $s(x)$의 자극을 직접 받아들인다.

성 뉴런과 억제성 뉴런이 혼재되어 있다고 가정한다(그림 4-7).

공간의 위치를 표시하기 위하여 위치 좌표 x를 사용한다. 위치 x에 있는 뉴런집단이 받아들이는 자극의 총 합을 $u(x)$라고 하자. 흥분도 z는 u가 양이면 1, 그렇지 않으면 0이 된다. 시각 t에서 이것이 $u(x,t)$라는 분포를 가진다고 하자(식 4-4).

(식 4-4)

$$u(x) = w * z(x) + s(x) \quad ①$$

$$w*z(x) = \int w(x - x')\, z(x')dx' \quad ②$$

$$z(x) = f\{u(x)\} \quad ③$$

$$\tau \frac{\partial u(x, t)}{\partial t} = -u(x, t) + w*f(u) + s(x) \quad ④$$

공간의 뉴런은 가지를 뻗어서 다른 장소의 뉴런과 연결되어 있다. 장소 x의 뉴런으로부터 x'의 뉴런에의 결합의 강도는 거리 $|x - x'|$에 의해 결정된다고 하자. 이 강도를 $w(x - x')$라고 둔다(그림 4-7). 이 때 이 공간은 균일한 구조를 가지고, 공간을 옆으로 이동해도 동일하다.

지금 이 장소에서의 뉴런의 흥분패턴이 x의 함수 $u(x)$와 같이 퍼져 나갔다고 하자. u가 양인 곳만 흥분상태일 것이다. 다음 시간대에는, 위치 x에 있는 뉴런(집단)은 다음 위치 x'의 뉴런으로부터 거리 $|x - x'|$에 의존한 가중치를 가지고 위치 x'의 흥분 신호 $z(x')$를 받아들인다.

모든 위치 x'로부터 신호가 들어오므로, 입력의 가중합은 $z(x')$에 가중치 $w(x - x')$를 곱하여 x'에 관해 적분한 형태가 된다. 이것을 나타낸 것이 식 4-4②가 된다. 여기서 *는 컨볼루션(convoluton)이라고 불리는 적분 기호이다.

여기서 해석을 쉽게 하기 위해, 시간 t도 연속이라고 하고, 흥분패턴이 발전하여 가는 형태를 미분방정식으로 기술한 것이 식 4-4④가 된다. 식의 상세한 부분은 신경 쓰지 않아도 좋다. 식은 그림과 같은 것으로, 감상하는 사람에 따라 받아들이는 방법이 달라져도 괜찮지 않을까.

이 식은 비선형의 편미분방정식으로, 이런 것은 일반적으로 풀 수 없다. 물론 컴퓨터를 이용하여 수치적인 방법으로 푸는 것은 가능하지만, 그로부터는 본질적인 것을 알 수가 없으므로 흥미롭지 않다. 이를 이론으로 해명하는 것이

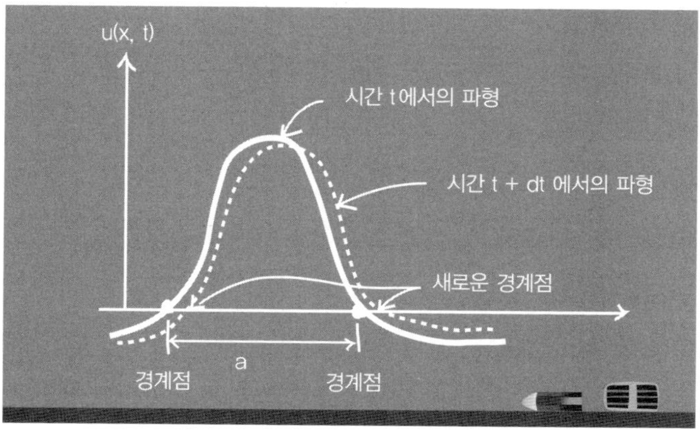

그림 4-8. 국소흥분의 발전
실선으로 그려진 흥분 파형이 시간 dt후에 점선으로 그린 파형으로 이동하므로, 두 개의 경계점 사이의 흥분영역이 오른쪽으로 이동한다.

수리뇌과학의 참다운 묘미이다.

몇 가지 가정을 바탕으로 하여 전형적인 상황을 생각해 보겠다. 우선 공간내의 흥분은 국소화되어 있어, 어떤 위치 x의 주위에서 길이 a의 흥분이 발생하고 다른 장소는 흥분하지 않고 있다고 가정한다. 이것을 "국소흥분"이라고 부른다(그림 4-8). 이와 같은 국소흥분이 공간상에서 발생했을 때, 그것이 시간과 함께 어떻게 발전해 가는지를 살펴보고자 한다.

뉴런들 간의 결합 $w(x - x')$은, 거리 $|x - x'|$가 작으면 흥분성으로 양의 결합, 거리가 약간 떨어져 있으면 억제성으로 음의 결합을 가진다고 하자. 가까운 뉴런들끼리는 서로 도와서 함께 흥분하려고 하고, 약간 떨어진 뉴런은 서로 경쟁하여 억제하려고 한다. 이것을 간단하게 "상호억제결합"이라고 부르는데, 뇌 안에는 이러한 결합도 많이 존재한다.

흥분의 파형 $u(x,t)$가 시간이 흐름에 따라 어떻게 변화해 가는지를 기술하는 것이 식 4-4④의 편미적분방정식이 된다. 그러나 이것은 풀 수 없다. 그러니 여기서는 약간 꾀를 내어 보자.

흥분하고 있는 영역과 흥분하고 있지 않은 영역의 경계점에 주목한다(그림 4-8). 이곳은 흥분과 비흥분의 경계로, 받아들이는 자극의 총합이 0이 된다. 이것이 양이 되면 여기의 뉴런은 흥분을 시작한다. 그러면 흥분영역의 경계가 오른쪽으로 움직인다. 자극의 총 합이 음이 되면 그 주위는 비흥분이 되므로, 경계는 반대방향으로 움직인다.

흥분파의 파형 $u(x,t)$를 구하는 것은 수학적으로는 어렵다. 그러나 경계점의 움직임만을 주목하면, 이것은 점의 운동이므로, 상미분방정식으로 기술할 수 있다.

파형 그 자체를 정직하게 해석하는 것은 그만 두고, 흥분영역의 경계점에 주목하여, 이것이 시간과 함께 어떻게 움직여 가는지를 조사한다. 이러한 테크닉을 구사하여 위치 경계의 운동을 지배하는 방정식을 유도함으로써 흥분파의 다이나믹스를 조사하는 것에 성공하였다.

공간 자체는 어떤 위치라도 쌍안정으로, 일단 국소흥분파가 한 위치에서 발생하면, 그것을 지속적으로 유지한다. 따라서 이것은 작업기억에 안성맞춤이다.

게다가, 외부로부터의 자극이 들어오면 국소흥분파는 이것에 끌려서, 다이니믹스에의해 자극이 가장 큰 장소를 향해 움직여 간다. 따라서 최대 자극의 위치를 검출하고 자극이 사라져도 이것을 유지하는 기능이 있다.

흥분성 뉴런과 억제성 뉴런이 있는 2층의 공간에서는 흥분파가 일정 속도로 움직여 가는 동적 패턴도 나타난다. 2차원의 공간을 생각하면, 보다 복잡한 흥분파가 발생한다. 소용돌이 형태의 흥분파가 퍼져나가거나, 호흡파라고 불리는, 흥분영역이 커졌다가 작아지는 호흡을 하고 있는 것과 같은 파도 있어서, 이것이 주위에 전파되어 간다. 진동하는 패턴도 만들어 낼 수 있다. 이러한 현상이 뇌의 정보처리의 기초가 된다.

흥분성의 요소와 억제성의 요소가 나란히 균일하게 존재하는 공간에서 어떤 패턴이 발생하여 그것이 어떻게 발전해 가는지는 생명과학의 이론의 하나로서 흥미롭게 여겨져 왔다. 앞에서 기술한 위너와 로젠블럿의 심장의 흥분파도 한 예이다.

발생도 그 중 하나로, 1개의 수정란으로부터 출발하여 균일한 난자로부터 여러 종류의 형태가 생성되는 형태형성의 시스템을 영국이 자랑하는 수학자이자 인공지능의 아버지라고 불리는 튜링(Turing, 컴퓨터의 아버지이도 함)이 고찰하였다.

주로 연구되어 있는 것은 반응확산계로, 흥분과 억제가 비선형으로 작용하는 것과 함께, 확산을 통하여 흥분이 가까운 곳으로 전달되어 간다. 신경장은 확산이 아닌 신경결합으로 축삭을 뻗어서 흥분이 전달되어 가기 때문에 반응확산계보다도 훨씬 풍부한 내용의 패턴형성 다이나믹스를 가지게 된다. 축삭이 아주 가까운 곳에만 뻗어있는 경우에는 반응확산계와 동일하다.

여기서 생각한 것은 국소흥분파를 중심으로 한 것이나, 다수의 흥분파가 있을 때의 상호작용도 연구되어 있다. 두 개의 국소흥분파가 진행 중에 충돌하면 어떤 형태가 나타날 것인지도 흥미로운 문제이다.

신경장은 작업기억의 모델로서 뿐 아니라, 로봇의 내비게이션 모델로서도 사용되고 있다. 로봇이 자신이 놓인 곳의 지도를 내부에 만들고, 공간의 각 점의 상호작용으로 자신이 나아갈 루트를 다이나믹스에 의해 설정하는 것이다.

다시 약간 흐름을 벗어나 보겠다. 신경장의 흥분의 방정식을 최초로 정식화한 것은 앞서 말한 윌슨과 코완이다. 뛰어난 식견이었다.

그러나 방정식이 비선형편미분의 형태였기 때문에 풀 수는 없었다. 하지만 수학적으로 정확한 해를 풀지는 못하여도, 필요한 해가 찾아져서 그 성질을 알 수 있다면 그것으로 충분하다. 그래서 저자가 생각한 것은, 앞서 기술한 바와 같이 국소흥분파의 경계에 주목하여, 경계점의 다이나믹스를 유도하는 수학적 기법이었다. 이것은 성공하여 해의 성질을 밝혀낼 수 있었다. 그러나 70년대 후반은 뉴로 연구의 암흑기였다. 저자가 집필한 이 논문은 잊혀져 묻혀버렸다. 그러다가 90년대에 들어와 독일의 심리학 연구자 기제(Giese)가 신경장을 사용하여 지각의 연구를 수행하였다. 그가 저자의 논문을 발견하여, 그것을 이용하면 여러 가지 문제를 풀 수 있음을 널리 소개시켜 주었다.

이것을 연으로 하여 신경장에 관한 이론이 미국에서 주목을 받게 되었다. 펜실바니아 대학에서의 학회에서는 젊은 수학자들이 찾아와서 "대학원 시절에 당신의 논문을 읽고 감명을 받았다. 내가 읽은 것 중 가장 아름다운 수학 논문이었다"고 까지 칭찬해 주어 뿌듯하였다.

그 후, 신경장의 이론은 많은 주목을 받게 되어 이것을 주제로 국제회의가 열리는 등 수학 학문의 측면에서도 발전하였다.

해마는 정보의 "연관성"을 기억한다

뇌의 기억, 특히 단기기억은 해마가 일시적인 저장고가 된다고 앞에서 설명하였다. 그러나 작업기억과는 달리 해마는 신경흥분 상태 그대로 정보를 쌓는 것은 아니다. 발생한 흥분은 일단 가라앉지만, 이 때 회로의 시냅스의 강약의 형태를 변화시켜서 쌓아간다.

컴퓨터라면 기억장치의 빈 공간에 정보를 써 두면 되므로, 정보를 있는 그대로 기록한다. 그러나 뇌에는 번지가 붙어 있는 빈 공간이란 것은 없다. 따라서 뇌는 정보의 "연관성"에 착안한다. 하나의 정보요소가 다른 요소와 연관되어져 있는 경우, 정보의 연결을 시냅스의 결합의 형태로 강화시키는 것이다.

예를 들어 하나의 패턴이 있는데 그 안에는 A, B, C의 세 개의 도안이 포함되어 전체적으로 1개의 그림을 이룬다고 하자. 이 때 A, B, C는 동일한 그림 안에 존재한다는 점에서 서로 연관되어 있다.

이 그림을 외울 때 A, B, C의 결합에 착안한다. A, B, C 각각의 정보를 표현하는 뉴런(집단)이 있을 때, 그들 간의 시냅스 결합을 강화시킨다. 그 결과 A에 대응하는 뉴런이 흥분하면, 시냅스 결합에 의해 B와 C도 흥분한다. B와 C로부터도 다이나믹스의 상호작용으로 A, B, C의 조합이 복원 가능해 진다.

결국 A, B, C의 조합이 회로집단 시스템의 안정평형상태가 되도록 시샙스의 결합이 변화된다. 이렇게 하면 이들 중 일부를 제시하는 것만으로 전체 조합이 상기될 수 있다.

이를 조금 일반화하여, A, B, C 대신 x_1부터 x_{100}까지 100개의 아이템이 있어서, 외부의 정보는 이들 중 어떤 것을 포함하고 어떤 것을 포함하지 않을 것인지의 조합으로 정해진다고 하자.

기억해야할 패턴 중 하나는, 예를 들어 x_3, x_{17}, x_{23}, x_{86}의 네 개의 요소로 구성된다고 하자. 이와 같이 요소들을 조합한 패턴이 여러 개 있어서 이들을 기억해야 한다.

수학을 아는 사람은 패턴을 100차원의 벡터 $\boldsymbol{x}$로 생각할 수 있다. 하나의 패턴 x는 어떤 아이템을 포함하는지에 따라 포함하는 아이템의 성분을 1, 포함하지 않는 성분을 0으로 둔다.

조금 전의 패턴은 $\boldsymbol{x} = (0,0,1,0,\cdots,0,1,0,\cdots)$과 같이, 3번째, 17번째, 23번째, 86번째의 성분이 1인 벡터가 된다. 0, 1이 아니라, -1과 1로 나타내는 방법도 자주 사용된다. 이렇게 하면 대칭성이 있어서 해석이 조금 더 쉬워진다.

기억해야할 정보패턴은 100개의 아이템의 유무를 조합한 100차원 벡터이다. 이러한 벡터는 모두 2^{100}개 존재하지만, 이것을 전부 외우는 것은 아니다. 외부에 존재하는 것은 이들 중 특수한 조합인 일부 벡터들 뿐이다.

예를 들어 그 중 10개의 패턴만 나타나, 이것들을 기억하지 않으면 안 된다고 하자. 기억해야 할 패턴을 일반적인 $\boldsymbol{x}$ 대신 $\boldsymbol{s}$라고 쓰고, $\boldsymbol{s}_1, \boldsymbol{s}_2, \cdots \boldsymbol{s}_k$만이 외부에서 나타나, 이것들만을 기억하고자 한다. 현재는 $k = 10$이다.

뇌는 패턴 내부의 아이템(벡터 성분)의 연관성에 착안한다. 각각의 아이템은 하나의 뉴런(뉴런 집단이라도 좋다)에 의해 담당되어 진다.

하나의 패턴 안에 요소 x_i와 x_j가 함께 포함되어 있으면, 양자를 연결하는 시냅스의 가중치 를 강화시킨다(억제성도 생각하여, 둘 중 어느 한 패턴에만 포함되어 있으면 가중치를 음으로 하면 되지만, 일단은 이에 대해서는 생가하지 않기로 하자.) .

우선 딱 하나의 패턴을 외우는 구조부터 이야기를 시작해 보자. 이 때 뉴런 i와 j의 결합의 가중치 w_{ij}는 i와 j 모두가 이 패턴에 포함되면 1, 그렇지 않으면 0으로 둔다. 식으로 쓰면 식 4-5①로, 이것을 행렬식으로 쓰면 ②의 W가 된다. 여기서는 성분으로 쓴 경우와 벡터 · 행렬기법의 두 가지를 모두 나타내었다.

(식 4-5)

$$w_{ij} = s_i s_j : \text{성분표시} \quad ①$$

$$W = \boldsymbol{ss}' : \text{행렬표시} \quad ②$$

$$W = \frac{1}{10} \sum_{i=1}^{10} s_i s'_i : \text{패턴의 중첩합} \quad ③$$

$$\boldsymbol{x}_{t+1} = f(W\boldsymbol{x}_t) : \text{상기 다이나믹스} \quad ④$$

1개의 패턴만을 기억한다면 이대로 좋지만, 기억해야할 패턴은 $k = 10$개다. 각 패턴에 대응하여 시냅스의 행렬을 만들면 행렬이 10개 만들어진다. 이들을 중첩하여 식 4-5③에 나타난 것처럼 평균을 취한다. 즉, 1개의 패턴의 관계성을 나타내는 시냅스 값 10개분을 모두 겹쳐서 기억하는 것이다.

정리된 패턴을 기억해 내는 법

기억해야 할 패턴이 여러개 있을 때, 컴퓨터에서는 번지를 바꾸어서 하나씩 써 넣기 때문에 혼란이 발생하지는 않는다. 그러나 뇌의 경우에는 패턴을 겹쳐서 합쳐버린다.

보다 정확하게 얘기하지면, 패턴이 가지는 관계성을 개별적으로 기억하는 것이 아니라, 전부 합쳐서 하나의 행렬로 만들어 버린다. 이런 난폭한 방법을 취하기 때문에, 시냅스의 강도 행렬 w를 보아도, 이로부터 개개 패턴에 관한 정보는 읽어낼 수 없다.

그렇다면, 특정 패턴을 상기하기 위해서는 어떻게 하면 좋을까.

연상기억의 신경회로망은 초기상태 $\boldsymbol{x}_0$부터 시작하여 식 4-5④의 상기 다이나믹스 방정식에 따라서 상태 $\boldsymbol{x}_t$가 전이되어 간다. 회로의 다이나믹스가 다안정으로, 상기한 패턴이 전부 안정평형상태라면, 상태전이에 의해 이들 중 하나에로 안정화 된다. 어디로 정착할 것인지는 초기 상태에 의존한다. 초기 상태가 좋은 힌트를 포함하고 있으면 그로부터 연관된 패턴이 상기 가능하다.

이러한 시스템을 알기 위해 우선 1개의 패턴 $\boldsymbol{s}_1$만을 기억하는 단순한 경우를 생각해 보자. 이때에는 다른 패턴과 겹쳐있지 않으므로, 간단하게 설명할 수 있다.

(식 4-6) $u = W\boldsymbol{r} = \boldsymbol{s}(\boldsymbol{s} \cdot \boldsymbol{r})_i \qquad W = \boldsymbol{s}_1\boldsymbol{s}_1'$ ①

$\boldsymbol{x} = f(u) = \boldsymbol{s}_1$ ②

$W = \boldsymbol{s}_1\boldsymbol{s}_1' + \boldsymbol{s}_2\boldsymbol{s}_2'$ ③

$u = W\boldsymbol{r} = c_1\boldsymbol{s}_1 + c_2\boldsymbol{s}_2$ ④

$\boldsymbol{x} = f(c_1\boldsymbol{s}_1 + c_2\boldsymbol{s}_2)$ ⑤

입력으로 $\boldsymbol{s}_1$과 약간 닮은 패턴 $\boldsymbol{r}$이 주어졌다고 하자. 이것을 초기상태로 하여 상태의 전이가 시작된다. 패턴 $\boldsymbol{r}$에 대하여 시냅스 가중행렬 W를 곱하면, 이것이 각 뉴런이 받아들이는 입력의 가중합이 된다. 이를 식 4-6①에 나타내었다.

그러나 W가 간단한 형태이므로, 나오는 패턴은 $\boldsymbol{s}_1$에 비례한다. 따라서 이것에 함수 f를 적용하면 기억한 패턴 $\boldsymbol{s}_1$이 어려움 없이 얻어 진다(식 4-6②).

그러나 많은 패턴을 겹쳐서 합치면 이렇게 간단하지 않다. 알기 쉽게 하기 위해 $\boldsymbol{s}_1$과 $\boldsymbol{s}_2$의 두 개 패턴을 기억하기 위해 이들을 겹쳐서 W를 만들자(식 4-6③).

초기상태 $\boldsymbol{r}$에 행렬 W를 곱하면 식 4-6④에서 나타낸 것과 같이 두 개의 벡터 $\boldsymbol{s}_1$과 $\boldsymbol{s}_2$의 선형 결합이 얻어진다. 결국 두 개의 패턴이 만나서 섞이게 된다.

그런데, $\boldsymbol{s}_1$과 $\boldsymbol{s}_2$가 서로 직교하는 벡터라면, 계수 c_2가 0이 되므로 $\boldsymbol{s}_1$만 나오게 된다. 직교란, 두 벡터의 내적이 0이 되는 것인데, 직관적으로는 $\boldsymbol{s}_1$과 $\boldsymbol{s}_2$가 전혀 닮지 않으면 된다. 물론 초기상태 $\boldsymbol{r}$이 $\boldsymbol{s}_1$과 닮지 않았다면, 이번에는 $\boldsymbol{s}_2$가 답으로 나오게 된다. 결국 겹쳐서 합치는 것에 의한 혼선을 막을 수 있다.

보다 일반적으로, k개의 패턴 $\boldsymbol{s}_1, \boldsymbol{s}_2, \cdots, \boldsymbol{s}_k$를 합쳐서 W를 만든다. 이렇게 해도 초기치로 주어진 패턴 $\boldsymbol{r}$이 여러 패턴 중 $\boldsymbol{s}_i$에 연관되어 있고 다른 $\boldsymbol{s}_j$와 직교하고 있다면, 비슷한 시스템에 의해 $\boldsymbol{s}_i$가 연상되어 나타난다. 하지만 직교 등과 같은 형편 좋은 경우는 보통 발생하지 않으므로, 다이나믹스를 통해 불필요한 계수 c_j을 작게 만들면서 조금씩 $\boldsymbol{s}_i$에 가까워져 간다.

기억해 둔 패턴이 상호간에 직교한다면, 이것을 겹친다 해도 다이나믹스에 의해 정확하게 해독 가능한 것을 살펴보았다. 물론, 기억한 패턴이 상호 직교하는 이상적인 상황은 일반적으로는 발생하지 않는다. 이를 위해서는 기억하는 패턴을 부호화하여 직교에 가까운 패턴으로 변환해 두는 것이 좋다. 이를 위해서는 패턴의 랜덤 변환이 도움이 된다. 뇌는 아무래도 이 작업을 수행하는 것 같다.

정리해보자. 컴퓨터는 번지를 붙여서 패턴을 있는 그대로 기억장치에 넣는다. 뇌는 기억해야할 패턴의 관련성을 시냅스의 가중치로 기억하지만, 개개의 패턴을 개별적으로 외우는 것이 아니라, 그 관계성을 전부 겹쳐서 합해버린다.

기억한 것을 다시 불러올 때에는, 겹쳐서 합해둔 것을 풀어내지 않으면 안 된다. 탐색을 위해서 입력하는 초기 패턴이 기억한 것 중 어느 하나에 관련되어 있으면, 이것을 힌트로 하여 다이나믹스에 의해 안정평형상태에 도달한다. 안정평형상태가 기억해 둔 패턴에 해당한다.

어떤 패턴이라도 기억해 낼 수 있어야 하기 때문에, 회로는 다안정이고 어떤 기억 패턴도 안정평형상태가 되어 있어야 한다. 그리고 초기치의 힌트로부터 다이나믹스에 의해 올바른 패턴을 만들어 내는 것이다.

뇌는 기억 그 자체를 쌓아가는 것이 아니다. 이것을 기억해 내기 위한 실마리를 쌓아놓고, 힌트로부터 복원해야할 정보를 만들어 낸다. 따라서 때로는 틀릴 수도 있고, 기억해 낼 수 없는 경우도 발생한다. 잘못 기억해 내는 경우도 있다.

그 대신 뇌는 유연하다. 잘못된 힌트나 부족한 힌트로부터도 답을 찾아낼 수 있다. 다수의 패턴을 겹쳐서 합해버리기 때문에 전체가 넓게 혼재되어 어떤 기억사항이 어디에 있는지 알 수 없다. 병렬 다이나믹스에 의해 움직이는, 분산된 기억이 실현가능한 이유이기도 한다.

해마는 연상기억장치이다

해마는 단기기억을 실현하고 있다. 대뇌피질로부터 들어오는 정보는 치상회(해마의 일부분)를 경유하여 해마의 CA3라고 하는 장소에 들어간다. 이 때 입력패턴의 유사직교화가 행해진다고 한다. 랜덤결합의 신경회로망을 경유하여 패턴을 변환하면, 변환 후의 패턴은 서로 거의 직교하게 된다.

그 후, CA3에서는 뉴런이 상호결합하고 여기에서 연상기억의 다이나믹스가 행해진다. 기억 패턴 내부의 상호관계는 여기에서 시냅스 하중의 가중치로 축적된다. 상기해 낼 때에는 이 다이나믹스에 의해 패턴이 읽어지고, 해마의 CA1이라는 부위를 경유하여 대뇌피질로 돌아간다.

물론, 해마는 이러한 단순한 작업을 하는 것만은 아니다. 거기에는 많은 기능이 포함된다. 다만, 연상기억의 본질적인 측면이 여기에서 수행되는 것이다. 수학적 모델은 상세한 생리학적 사실은 무시하고 그 본질을 알기 쉽게 들어낸 것이라고 할 수 있다. 알기쉬운 모델이라면 수리에 의한 해석이 가능하여 원리를 밝히는 것이 가능하다.

홉필드의 제안

저자가 신경회로모델을 제안했던 1970년대, 같은 발상이 몇 가지 더 제안되었다. 그러나 이것들이 잊혀져가던 1980년대에 들어서 제 2차 뉴로 붐이 도래하였다.

다층퍼셉트론과 함께 유명해 진 것은 미국의 물리학자 홉필드(Hopfield)에 의한 뇌의 모델에 대한 제안이었다. 그는 신경회로집단의 다이나믹스를 논하면서, 이것이 다안정인 것, 그리고 입력에 대응하여 안정평상상태의 하나가 선택되므로 이것이 뇌가 행동을 결정할 때의 기본 모델이 된다고 주장하였다.

또한 어려운 문제로 여겨졌던 순회세일즈맨 문제(TSP, Traveling Salesman Problem) 등과 같은 조합최적화 문제를 그의 모델을 이용하여 근사적으로 풀 수 있다고 하는 놀라운 아이디어를 제시하여 이 분야의 연구자들을 감탄하게 하였다.

순회세일즈맨 문제란, 세일즈맨이 n개의 도시를 순회할 때, 어떤 순서로 돌아보는 것이 가장 짧은 경로가 되는가를 찾는 문제로, 사실 n이 커지면 계산량이 폭발적으로 증가하는 어려운 문제이다.

그는 동시에, 여기에서 설명한 연상기억모델을 정식화하여 이 모델에는 기억 용량이 있어서, 뉴런 수가 n이라고 할 때, 0. 15n개 정도까지는 기억할 수 있으나, 그 이상을 저장하려고 하면 혼란이 발생함을 밝혀냈다. 이것이 많은 물리학자를 매혹시켜 그 이후 이론물리학자들이 신경회로망의 해석을 시작하는 계기를 만들었다.

홉필드는 기억용량에 주목하여 기억해야할 패턴을 랜덤화 함으로써 기억용량을 밝혀냈다. 컴퓨터시뮬레이션을 사용하기는 하였으나 이는 훌륭한 아이디어였다.

이 시대는 트랜지스터의 성능이 좋아져서, 이론은 거의 종말을 맞이한 시기이기도 하다. 트랜지스터 물리이론의 제1인자였던 홉필드는 "트랜지스터의 물리이론은 끝났다. 이론물리학자는 다른 분야에 진출하지 않으면 안 된다."라는 취지의 강연을 하여 고온초전도 등의 분야를 제시하였다. 그 자신은 뉴로 분야에 진출하여 그 선두에 섰다.

그 후 뛰어난 물리학자들이 함께하여, 그들은 "리플리카(Replica) 법"이라고 하는 물성물리의 스핀글래스 해석에서 나오는 고도의 테크닉을 구사하였다. 이것은 뒤에 정보물리학이라는 분야를 만들고, 그 후 학습이론이나 신호이론에서 큰 역할을 하고 있다.

홉필드가 생각한 모델 자체는 저자가 그보다 10년 정도 전에 제안한 것과 완전히 동일하였기 때문에 이것을 "홉필드-아마리 모델"이라고 부르는 사람도 미국에는 있었지만, 다수의 물리학자의 세력에 눌려서 그 목소리는 사라져갔다.

그러나 21세기에 들어서, 이 분야에서 활약하고 있던 이탈리아의 물리학자 아미트(Amit)교수가 저자의 연구실에 찾아와, "지금까지 '홉필드모델' 이라고 불렀지만, 문헌을 조사해 보니 이것은 '아마리-홉필드 모델' 이라고 불러야 한다는 것을 알게 되었다. 지금까지 이를 몰라보아 유감이다. 사과의 뜻으로 이탈리아의 넥타이를 선물한다. 내일 있는 회의에서 당신이 이 넥타이를 하고 나와 준다면 사과를 받아들인 것으로 알겠다"라고 얘기하면서 넥타이를 선물한 적도 있었다.

저자는 보통 넥타이를 착용하지 않지만, 이때는 어쩔 수 없이, 새빨간 넥타이를 착용하고 회의 석상에 나갔다. 안타깝게도 아미트 교수는 그 얼마 후에 심장마비로 세상을 떠나고 말았다.

시계열의 연상기억

연상기억은 앞에서 기술한 것과 같은 정적인 패턴을 기억하는 것 뿐 만이 아니다. 동적인 패턴의 계열, 즉 패턴 s_1이 나타나면 다음에 s_2가 오고 그 다음에는 s_3와 같이, 패턴의 시계열을 기억할 수 있다. 뇌는 어쩌면 이런 기억을 더 잘 할 것이다. 저자의 모델은 처음부터 시계열 패턴을 기억하여 상기 가능하도록 되어 있어서 홉필드모델보다 뛰어난 것이었다.

컴퓨터 단말의 팜컴퓨터(Parm computer)로 거액의 재산을 형성한 미국의 실업가 제프 호킨즈(Jeff Hawkins)는 젊었을 때의 꿈을 이루고자 뇌 연구에 몰두하여, 2002년에 사재를 털어 캘리포니아에 뇌과학연구소를 설립하였다.

그는 뇌의 기본은 시계열의 연상기억에 있다고 생각하고, 10년 이내에 뉴로컴퓨터를 만들겠다고 호언하였으나 안타깝게도 그렇게 되지는 못했다. 그러나 그는 현재 "누멘타(Numenta)"라고 하는 새로운 벤처기업을 설립하여 연상기억형 인공 뇌장치를 만들고 있다. 연상기억모델도 앞으로의 인공지능 분야에서 활약의 장을 찾아 발전할 것으로 기대된다.

컬럼

30년 전에 발생한 인터넷 비방 사건

1980년대 후반에는 인터넷이 보급되어 매우 편리해졌다. 그 즈음에 뉴로 분야에서도 모두 의견을 교환하는 인터넷 상의 광장(현재로 치면 소셜네트워크)가 만들어 졌다. 그 중 하나에서 "아마리에게 보내는 공개질의서" 라는 것이 올라온 적이 있다.

저자는 거기에 가입되어 있지 않았기에, 그런 것이 생겼다는 것을 당시에는 전혀 알지 못했다. 질의서는 미국에 있는 P씨로부터 온 것으로, "나는 신경회로의 텐서 이론을 고안하여 발표했다. 그런데 아마리는 볼츠만기계의 논문에서 텐서를 사용하면서, 나의 논문을 인용하지 않았다. 이것은 허용될 수 없는 부정행위이다"라는 내용이었다.

텐서는 고전 미분기하학의 도구로, 행렬을 확장한 것이다. 행렬을 사용하든, 텐서를 사용하든, 그것은 잘 알려진 수학 도구로, 누군가 창시자가 있는 것은 아니다. 게다가 P씨의 논문은 2차 텐서, 다시 말해 행렬밖에 사용하지 않고 있어 이런 주장은 전혀 말이 되지 않았다.

그러나 그는 계속해서 "일본의 문화는 창시자를 존중하지 않고, 아이디어를 무단으로 차용하여 마음대로 발전시키는 풍습이 있다"라고까지 단언하면서 논쟁에 불을 붙였다.

당시 일본은 버블경제의 절정기로 미운 털이 박혀 있어서, 일본은 기초 연구를 하지 않고 외국의 성과를 모방하고, 이것을 기술화하여 성공하고 있다고 비난받는 시기였다. 그러나 일본은 가난한 시기에도 착실하게 기초연구를 수행하고, 나아가 외국으로부터도 배우는 노력을 하여 기술화에 성공하였다. 그러나 버블경제로 모든 것을 잃어버렸다. 여기에는 정계, 재계, 관계의 모두에게 중대한 책임이 있음에도, 그 반성에 인색한 것은 어째서 일까.

한편, P씨의 발언을 듣고 많은 사람들로부터 논문의 인용은 어떠해야 하는가, 창시자의 아이디어는 존중되어야하는데 일본의 문화는 모방을 마음대로 하는가, 등 많은 의견이 속출하고 논쟁을 거듭하여, 결국 "아마리의 의견을 꼭 듣고 싶다"라는 결론이 났다.

P씨는 저자에게 직접 질의서를 보내지 않고, 내가 그것을 알지 못할 것을 예상하고 마음대로 인터넷 상에서 논쟁에 불을 붙인 것이었다. 일본 지인으로부터 이러한 논쟁에 대해 듣고, 저자는 이에 가입하여 곧바로 반론을 썼다.

저자의 의견은 간단하였다.

"P씨는 이전에 나에게, 자신의 논문을 인용해달라고 하였으나, 그 내용은 관계가 없었기에 거절하였다. 게다가 자신을 일본으로 초청해 달라고 하였으나, 그것도 사양하였다. 그 보복으로, 내가 인터넷에 친숙하지 않은 것을 악용하여 이와 같은 의견을 발표하였다.

의견을 제시하는 이들은 모두 그 전에 내 논문을 읽어보기 바란다. 나는 정보기하라는 새로운 이론을 창시하고, 그것을 신경회로에 응용하였다. 그것이 나의 논문으로, P씨의 텐서 이론과는 전혀 관계가 없는 것이다. 일본의 문화는 독창성을 중시하고 명예를 소중히 하는 것은 물론, 수많은 독창적이고 학술적인 공헌을 하고 있다."

이 반론으로 흐름은 완전히 바뀌어, 아마리의 의견이 옳으며, P씨는 반대로 비난에 휩싸이게 되었다.

인터넷 비방사건은 30년 전부터 존재하였던 셈이다.

제5장

수학으로 뇌를 해석한다 (2)

"신경학습"의 이론이란

앞 장에 이어서 이 장에서는 수학적 관점에서 뇌가 어떻게 학습을 하는지 생각해 보겠다. 이는 최근 주목받고 있는 인공지능의 "딥러닝 (심층학습)"의 기초가 되는 이론이기도 하다.

뇌 · 마음 · 인공지능

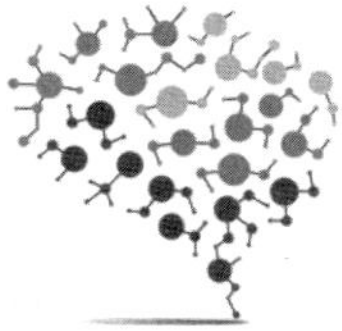

이 장에서는 수리뇌과학 중에서도 신경회로망의 학습에 초점을 맞추어 보겠다. 학습에는 교사학습과 비교사학습(자기조직화), 그리고 강화학습의 3 종류가 있다고 앞에서 설명하였다. 이 기술들은 지금 유행하고 있는 인공지능에서도 사용되고 있다. 학습과 자기조직화에 의해 뇌가 자기 자신을 변화시키면서 어떻게 고성능의 시스템으로 발전해 가는지, 그 모습을 수학적 관점에서 살펴보자.

딥러닝의 기초가 되는 학습법

퍼셉트론은 1950년대 말에 제안된, 패턴인식을 수행하는 기계이다. 반세기 이상 지난 지금, 이것이 부활하여 심층학습(딥러닝)이라는 이름으로 출현하였고, 다음 장에서 설명하는 바와 같이 인공지능의 신기술로 세계의 주목을 받고 있다.

퍼셉트론은 입력신호를 받아서 그것이 어떤 카테고리에 속하는지를 식별하고 분류한다. 훈련 기간 중에는 주어진 패턴에 대한 정답을 알려주는 교사신호가 있어서, 기계가 잘못된 답을 낼 때마다 내부를 조정한다. 이것이 교사학습이다.

퍼셉트론은 다층의 신경회로망 모델로, 정보가 한 방향으로만 흐른다. 그림5-1에서 나타낸 것과 같이, 입력층의 뉴런이 입력 신호를 받는다. 그러면 다음 중간층의 뉴런은 이것을 바탕으로 계산을 수행하여 출력을 낸다. 그 출력이 다

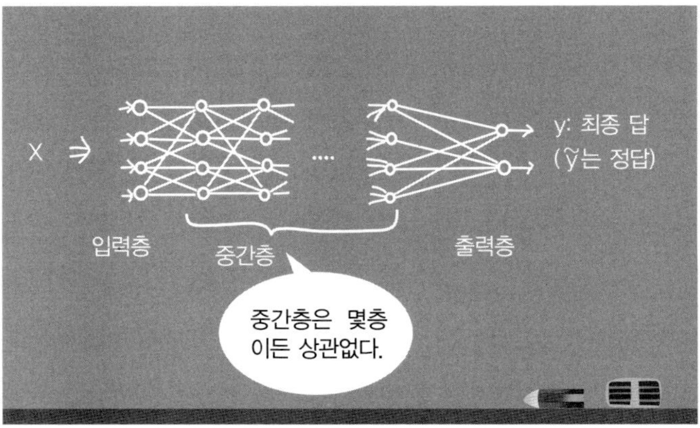

■ **그림 5-1.** 퍼셉트론의 구조
입력 x를 받아서 중간층의 뉴런이 순차적으로 계산을 진행해 가서, 최후의 출력 뉴런이 답을 낸다.

음의 중간층의 뉴런으로 전달되어 간다. 중간층은 몇 층이든 상관없으며, 이것을 반복하여 최후의 출력뉴런이 답을 내는 구조이다. 출력뉴런은 여러 개 있어도 좋다.

단순 퍼셉트론은 중간층이 한 층밖에 없고, 학습하는 것은 최후의 출력뉴런 뿐이다. 구체적으로는 회로의 출력 y와 교사의 답 $\tilde{y}$가 다르면 교사신호가 잘못을 지적하여 최후의 출력 뉴런의 시냅스 가중치를 변화시켜서 동작을 개선한다.

하지만 출력뉴런 뿐 아니라 중간층을 포함한 모든 뉴런의 시냅스 결합 가중치를 변화시키는 것이 더 좋을 것은 당연하다. 최후의 출력뉴런 만이 잘못된 답에 책임이 있는 것은 아니기 때문이다. 하지만 도중의 뉴런들이 어떤 답을 내면 좋았을지, 그 모범답안이 주어지는 것은 아니다. 따라서 도중의 뉴런들에게 어떻게 하면 좋을지, 그것을 알려줄 가이드 신호를 만들 필요가 있다.

입력 신호를 $\boldsymbol{x}$라고 하자(이것은 다수의 성분으로 이루어진 벡터이다). 퍼셉트론의 답 y는 $\boldsymbol{x}$의 함수인데, 이것은 회로에 포함된 모든 뉴런의 시냅스 가중치가 관련되어진 복잡한 함수이다.

이제 모든 뉴런들의 모든 시냅스 가중치를 모아서 일련번호를 붙여 $w_1, w_2, \cdots, w_N$이라고 하자.

(식 5-1)

$$y = f(\boldsymbol{x}\,;w_1, w_2, \cdots, w_N) : \text{출력} \quad ①$$

$$e = y - \tilde{y} : \text{오차} \quad ②$$

$$l = \frac{1}{2}(y - \tilde{y})^2 : \text{손실} \quad ③$$

$$\Delta w_i = -c\frac{\partial l}{\partial w_i} : \text{학습방정식} \quad ④$$

입력 $\boldsymbol{x}$가 주어졌을 때, 이 회로가 내는 출력 y는 식 5-1에 나타난 것 같이, $\boldsymbol{x}$와 가중치 $w_1, w_2, \cdots, w_N$의 함수이다. 이 함수의 결과값이 교사신호로 주어진 $\tilde{y}$와 다르다고 해보자. 이때 퍼셉트론의 잘못, 다시 말해 출력오차 e는 y와 $\tilde{y}$의 차로 정의할 수 있다.

여기서 파라미터(시냅스의 가중치) 중의 하나, 예를 들어 w_i를 약간 변화시켜서 그것을 $w_i + \Delta w_i$로 증가시켜보자. 그러면 오차도 이에 따라 약간 변할 것이다.

이렇게 하여 오차가 감소한다면, w_i를 Δw_i만큼 변화시키는 것이 좋다고 판단할 수 있다. 반대로 오차가 증가한다면, 반대방향인 $-\Delta w_i$만큼 변화시키면 될 것이다. 구체적으로는 오차의 제곱을 손실함수로 하여, 이것을 w_i에 대해 미분하면, 어떤 방향으로 시냅스의 가중치를 변화시키면 오차가 줄어들 것인지를 알아낼 수 있다. 이 방법으로 시냅스 가중치를 계속 변화시켜 가면 오차가 작은 지점으로 수렴해 갈 것이다.

함수를 벡터 파라미터로 미분한 것을 함수의 “기울기

(gradient)"라고 한다. 이것은 그 함수의 값이 증가하는 방향을 나타내는 벡터로, 함수의 값을 감소시키기 위해서는 파라미터를 기울기의 반대 방향으로 변화시키면 된다.

그러나 기울기는 입력 $\boldsymbol{x}$에 의존하고, $\boldsymbol{x}$는 계속해서 랜덤하게 주어진다. 따라서 개개의 학습에서 오차가 감소하는 것이 반드시 보장되지는 않지만, 전체적으로 보면 원하는 방향으로 변화되어 간다. 이 방식을 "확률강하학습법"이라고 부른다. 이것이 저자가 1967년에 미국의 학술지(IEEE)에 발표한 논문이다.

다층퍼셉트론에서는 층을 거쳐 가면서 신호가 다음에서 다음으로 전달된다. 이 함수의 형태는, 여기서는 구체적으로 나타내지는 않겠으나, 층 단위의 신호의 변환이 다음에서 다음으로 반복해서 입력되는 형태이다. 이러한 함수를 파라미터로 미분하게 되면, 미분이 반복적으로 나타난다.

이것을 계산해 보면, 회로 중의 하나의 시냅스 w_i를 변화시키는 식은 그 뉴런에의 입력신호와 오차의 미분으로부터 결정되는 어떤 신호의 곱의 형태로 나타낼 수 있다. 게다가 이 신호는 출력뉴런의 오차로부터 역산하여 회로를 역방향으로 전환한 경로를 따라 계속 합해 나간 형태를 가지고 있다. 기묘하면서도 아름다운 형태이다.

이것을 발견한 것은 러멜하트(Rumelhart)를 비롯한, 제 2차 뉴로 붐을 주도한 커넥셔니스트(connectionist) 그룹이었다. 그들은 매우 기뻐하며 이것을 "오차역전파법(error backpropagation)"이라고 명명하였다. 이것이 연상기억모델과 함께 제 2차 뉴로붐의 주역이 되었던 것은 앞에서도 기술한 바 있다.

그러나 그 핵심은 다층퍼셉트론을 확률강하법으로 학습하는 것으로, 이것은 현재의 심층학습법에서도 동일하다. 별로 알려져 있지 않으나, 이것을 최초로 제안한 것은 이 책의 저자이다.

세계 최초의 다층 퍼셉트론 확률강하학습

확률강하학습법에 의한 다층퍼셉트론의 최초의 학습 사례를 보이는 것은 역사적으로도 의미가 있으므로, 여기서 소개하겠다.

저자의 다른 저서 "정보이론II – 정보의 기하학적 이론(공립출판/1968년, 일본원서)"로부터 인용한다(그림 5-2). 이것은 NTT(일본의 전신전화주식회사)에 입사한 제자, 사이토 쇼지의 석사논문이 되었다. 당시의 컴퓨터의 능력은 전혀 좋지 않아서, 이 정도를 계산하는 것도 매우 힘든 작업이었다.

입력공간은 2차원의 평면상의 점으로, x_1, x_2를 좌표계로

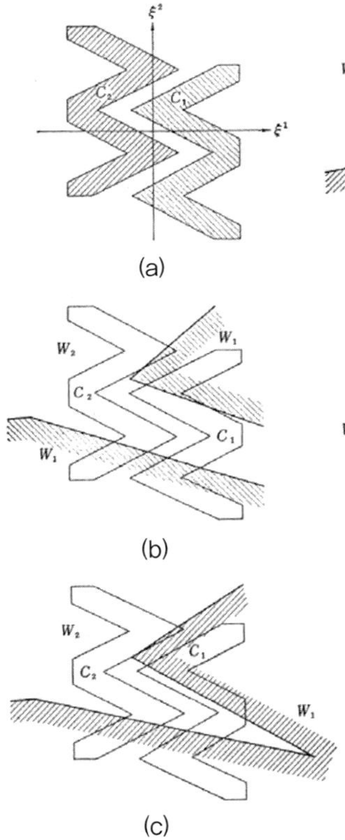

■ **그림 5-2.** 학습에 의한 패턴의 식별
(a)는 C_1, C_2의 두 개의 패턴 클래스를 나타낸다. (b)~(e)에서는 사선으로 표시된 부분의 내부 전체가 패턴 C_1으로 판정된다. (b)에서는, 이것이 두 개의 영역으로 분리되어 있으나, 서서히 합체하여 (e)에서는 C_1의 거의 전체 영역을 덮게 된다.

둔다. 여기서 알파벳 W를 옆으로 돌린 형태의 두 개의 영역 C_1, C_2를 생각한다. 기계에 입력으로 전달되는 신호가 C_1, C_2

중 어떤 하나의 영역(이것을 "클래스1", "클래스2"라고 하자)에 들어 있는지를 판별하는 것이 문제이다.

두 개의 패턴 클래스는 그림 5-2(a)에서 보이는 것과 같이 서로 맞물려 있어서 하나의 선분으로는 분별해 낼 수 없다. 결국 선형분리가 불가능하다. 따라서 중간층이 없는 단순한 퍼셉트론으로는 식별 불가능하다.

중간층의 뉴런을 4개 준비하여, 이것들이 입력 패턴을 받아 들여 식별함수의 값을 선형으로 계산한다. 다음의 층에서 이 계산 값들을 비선형으로 조합하여 패턴의 식별함수를 계산한다. 이 값이 크면 패턴은 클래스1에 해당하고, 작으면 클래스 2에 해당하는 것으로 판정한다.

비선형 함수는 max, min, 그리고 그 합으로 만들어져서,

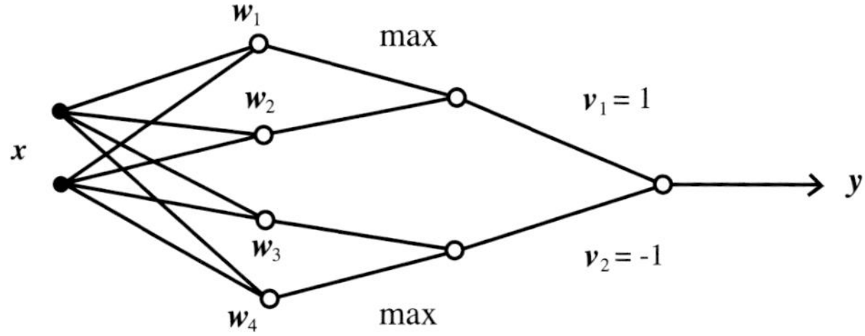

$$f(x, \theta) = v_1 \max\{\boldsymbol{w}_1 \cdot \boldsymbol{x}, \boldsymbol{w}_2 \cdot \boldsymbol{x}\} + v_2 \min\{\boldsymbol{w}_3 \cdot \boldsymbol{x}, \boldsymbol{w}_4 \cdot \boldsymbol{x}\}$$

■ **그림 5-3.** 세계최초의 다단 퍼셉트론의 회로도와 식별 방정식

현재의 신경회로 모델로 보자면 중간층이 2개 있는 4층 퍼셉트론을 사용하여 확률강하학습법을 적용한 것이 된다(그림5-3).

결과는 그림5-2(b)~(e)에 나타난 것과 같이, 초기치로 주어진 분할 선(우측의 사선의 영역 내부 전체가 C_1)으로는 두 개의 영역을 제대로 구별할 수 없다. 그러나 학습이 진행됨에 따라 식별하는 영역이 두 개로 분리되었다가 다시 합쳐지는 변화를 거쳐, 마지막에는 (e)에서 보이는 것과 같이 알파벳 W를 조합한 복잡한 영역을 학습에 의해 분리할 수 있게 되었다. 다층퍼셉트론의 확률강하학습의 세계최초의 사례이다.

퍼셉트론은 만능일까

학습이 성공적으로 잘 진행된다고 해도, 퍼셉트론의 계산 능력이 높지 않다면 소용이 없을 것이다. 민스키의 비판은 계산론의 입장에서는 핵심을 찔린 셈이었다.

퍼셉트론은 어느 정도의 능력을 가지고 있을까. 사실은, 중간층의 뉴런의 수를 늘리면 어떤 함수라도 계산 가능한 만능기계라는 것을 로젠블럿(Rosenblatt)은 알고 있었고, 1970년대에는 아날로그 퍼셉트론의 계산 만능성이 수학적으로 증명되었다.

입력 $\boldsymbol{x}$에 대하여 어떤 함수 $f(\boldsymbol{x})$를 계산하고 싶다고 하자. 간단히 설명하기 위해 $\boldsymbol{x}$는 1차원으로 x라고 두자. 이때 우리가 잘 알고 있는 다수의 함수 $a_1(x)$, $a_2(x)$, $a_3(x)$, …를 준비한다. 이들을 기저함수라고 한다.

그러면 어떠한 함수 $f(x)$도 기저함수에 적절한 계수 c_1, c_2, c_3, …를 곱하여 더한 형태로 쓸 수 있다(식 5-2 참조. 엄밀하게 말하면 이것은 기저함수가 완전계를 이룰 때 성립한다). 따라서 계수 c_1, c_2, c_3, …을 잘 선택하면 어떤 함수도 이 형태로 표현할 수 있기 때문에, 이 문제는 결국 계수를 잘 조정해 주면 되는 문제로 귀착한다.

(식 5-2)

$$y = f(x)$$

$$y = \sum_{i=0}^{\infty} c_i a_i(x) : \text{기저 } \{a_1(x), a_2(x), \cdots\}$$

$$a_k(x) = x^k : \text{테일러 전개}$$

$$a_k(x) = \sin k\omega x : \text{푸리에 전개}$$

$$y = \sum_{i=0}^{N} c_i f(\boldsymbol{w}_i \cdot \boldsymbol{x}) : \text{퍼셉트론 전개}$$

간단한 예로는, $f(x)$를 테일러 전개하는 것은, 기저함수로서 x의 고차항의 함수를 선택하는 것이 된다. 또한 $sin(k\omega x)$를 사용하면 푸리에 전개가 된다(cos항도 있어도 되지만, 여기서는 무시하였다.). 기저함수로서는 이 외에도 웨이브렛(wavelet) 기저도 자주 사용된다. 이는 잘 알려져 있는 이론이다.

이제 퍼셉트론이 만들어 내는 답을 기저함수에 의한 전개라는 입장에서 생각해 보자. 중간층이 하나인 3층 퍼셉트론을 생각한다.

입력 $\boldsymbol{x}$가 주어지면 중간층의 번째 소자는 시냅스의 가중치 벡터 $\boldsymbol{w}_i$를 사용하여 계산하고, 그 답은 $a_i(\boldsymbol{x}) = f(w_1x_1 + \cdots + w_nx_n)$ 이 된다. 출력층의 뉴런은, 이들 답에 출력 뉴런의 시냅스 가중치를 계수 v_i로 하여 곱한 후 모두 합산하므로, (여기서는 최후의 비선형 함수는 무시하였다) 그 출력값 y는 기저함수 $a_1(\boldsymbol{x})$, $a_2(\boldsymbol{x})$, $a_3(\boldsymbol{x})$, …를 사용하여 함수를 전개한 형태를 이루고 있다(식5-2).

시냅스의 가중치 v_1가 계수 c_1에 대응된다. 따라서 앞서 말한 함수계가 완전계를 이룬다면, 어떤 함수라도 전개 가능한 것이 된다. 뉴런의 개수는 유한하므로 이것이 완전계를 이룰 수는 없지만, 뉴런의 수를 증가시면 얼마든지 완전계에 가까워진다.

퍼셉트론의 경우는 더 좋은 점이 있다. 퍼셉트론은 기저함수 $a_i(\boldsymbol{x})$를 처음부터 정하여 주는 것이 아니다. 기저함수도 시냅스 가중치 벡터 $\boldsymbol{w}_1, \boldsymbol{w}_2, \cdots, \boldsymbol{w}_n$에 의존하여 정해지므로, 이것들을 뉴런의 학습에 의해 만들어 내는 것이 된다. 결국 지금까지의 고정된 기저함수에 의한 전개보다도 더 유연한 특성을 가진다. 보다 많은 수의 중간층을 사용한 퍼셉트론에 대해서도 동일한 원리가 적용된다.

만능기계의 문제점

세상에는 전부 다 좋은 것은 없는 법이다. 퍼셉트론에도 문제점이 있다. 첫째로, 이것이 만능이라고 해서, 학습하면 항상 정답이 얻어지는 것은 아니다.

학습에는 확률강하법을 사용한다. 즉, 손실함수의 값이 감소하는 방향으로 파라미터 *w*를 변화시켜가서 손실(오채)이 최저가 되는 곳에 도달하는 것을 목적으로 한다.

그러나 함수의 형태가 그림 5-4에 나타난 것과 같이 구불구불하여 A~D와 같은 극소점이 여러 개 존재한다고 하자. 이들 점은 모두 그 주위와 비교하면 오차가 적은 상태라고 할 수 있으나, "우물 안 개구리" 격으로, 멀리 보면 훨씬 성능이 좋은 곳이 있을지도 모른다. A~D와 같은 점을 "국소 최적해"라고 한다.

예를 들어 a의 지점에 있는 경우, 사실은 B가 가장 좋은 상태이지만, 가까운 국소 최적해인 A의 골짜기를 향해 움직

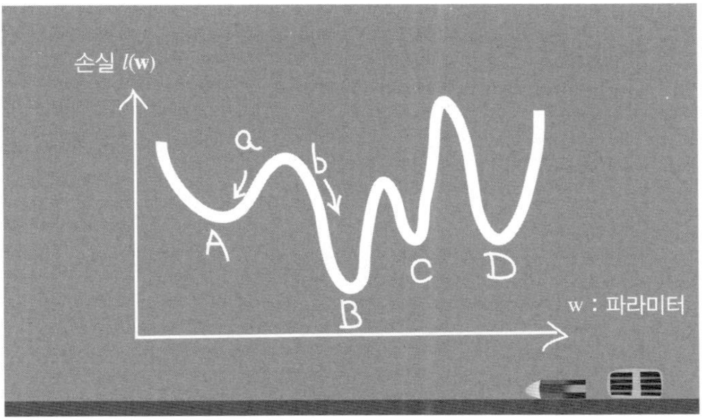

■ **그림 5-4.** 손실함수 $l(\mathbf{w})$
손실함수 (오차)에 다수의 극소점 A~D가 있을 때, 학습을 시작할 때 파라미터 *w*(시냅스의 가중치)가 *a* 있으면 국소해 *A*에 멈추고, *b*에 있으면 최소해 B로 가게 된다.

여가서 멈추어 버리게 된다.

이것은 비선형함수의 최적화에서 공통적으로 발생하는 문제점으로 이를 해결하기 위해 "시뮬레이티드 어닐링법(담금질법)"이나 "유전적 알고리즘", 그리고 최근에는 "양자 시뮬레이티드 어닐링법" 등, 여러 가지 방법들이 제안되고 있다.

이 문제를 해결하는 방법으로 서포트벡터머신이 제안되었다. 이 모델은 단순 퍼셉트론과 마찬가지로 기저함수를 고정해 놓아서 학습은 최후의 출력 뉴런만 수행된다. 이렇게 하면 학습은 선형이 되어, 국소 최적해의 문제는 사라진다. 다만 대단히 많은 기저함수를 필요로 하여 계산량이 극대화된다. 따라서 이 방법은 예전에는 유행되지 않았다.

그러나 컴퓨터의 성능이 좋아져서 계산력으로 이것을 극복할 수 있게 되었다. 또한 이를 실현하기 위해 커널법이라는 아이디어가 나와 난점을 해결할 수 있었다. 제 2차 뉴로붐 이후의 일이었지만, 이것이 기계학습의 꽃이 되어 이 분야가 발전하였다.

또 한 가지, 퍼셉트론에서는 학습이 느리다는 점, 즉, 학습의 정체가 문제시되었다. 많은 연구자들이 컴퓨터 시뮬레이션을 통하여 퍼셉트론의 학습을 수행한 결과 알게 된 것이 "플라토"라고 불리는 현상이었다.

그림 5-5에 나타난 것 같이, 학습을 진행해 가다보면 손실함수(오차) $e(x)$는 처음에 순조롭게 감소해가다가 어느 지점에서 더 이상 감소하지 않게 된다. 이것이 플라토이다.

여기서 학습이 끝나는가 싶지만, 그것은 아니다. 계속해서 인내심을 가지고 학습을 진행해 가다 보면 다시 급속하게 오차가 감소하기 시작한다. 그러다 다시 플라토에 빠져들어 정체가 시작된다. 이러한 현상의 원인은 무엇일까, 그리고 그것을 피할 수 있는 방법은 없을까.

퍼셉트론의 학습은 시냅스의 가중치가 되는 파라미터의 공간에서 진행된다. 그런데 이 공간에 문제가 있었다. 우선

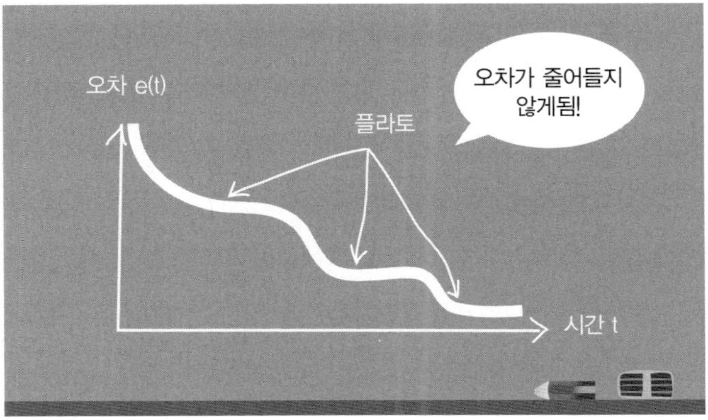

■ **그림 5-5.** 학습오차곡선에 나타나는 플라토
퍼셉트론의 학습이 진행되면, 오차가 감소해가다가 거의 변화가 없는 장소가 나타난다. 이것을 플라토라고 부른다.

중간층의 뉴런이 1개 밖에 없는 가장 간단한 퍼셉트론의 함수 $vf(\boldsymbol{w} \cdot \boldsymbol{x})$를 생각해 보자. 파라미터는 v와 $\boldsymbol{w}$이므로, 파라미터의 공간은 그림 5-6과 같이 나타난다. 그림에서는 $\boldsymbol{w}$를 1차원으로 나타내었으므로, 파라미터 공간(w,v)는 2차원이다. 학습은 이 2차원 공간 안에서 진행된다.

그런데, $v = 0$이 되는 직선(그림의 가로축)에서는 $\boldsymbol{w}$의 값이 무엇이든 퍼셉트론이 나타내는 함수는 0이라는 동일한 상수함수가 된다. 이처럼 만들어지는 함수가 동일한 점들을 모두 같은 점이라고 생각하면, 가로축은 하나의 점으로 축소되어

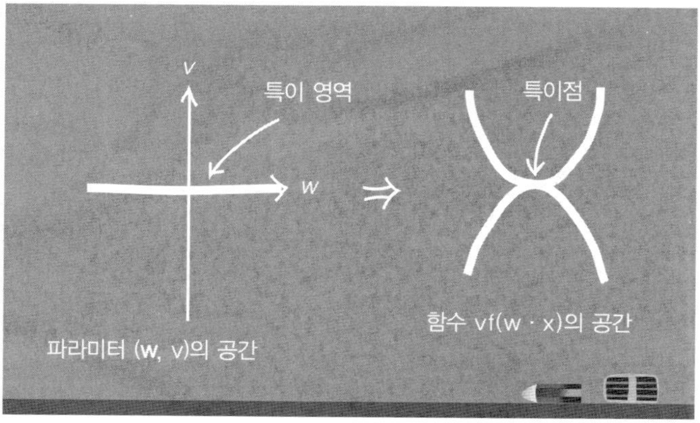

그림 5-6. 퍼셉트론의 파라미터 공간과 입력함수의 공간
파라미터(w,v)의 공간(왼쪽)은 이차원이나, v=0인 w축은 모두 같은 함수를 나타내어 함수공간(오른쪽)에서는 한 점으로 축소되어 특이점이 된다.

버리고, 그림의 오른쪽과 같이 2개의 곡선이 한 점에서 연결된 기묘한 형태가 된다. 이렇게 연결된 한 점을 "특이점(singularity)"이라고 한다.

특이점은 이것 뿐 만이 아니다. 중간층의 뉴런이 여러 개 있는 경우, 만약 두 개의 뉴런의 시냅스 가중치 벡터가 같아져 버리면, 여기에 특이점이 나타나고 이것들이 선상으로 연결되어 있다. 바꾸어 말하면, 파라미터 공간에는 특수한 영역이 있어서, 그 안에서는 구체적인 파라미터의 값들이 달라도 퍼셉트론이 만들어 내는 함수는 동일하다.

이러한 영역 안에서는 모든 점들이 같은 함수를 나타내므로, 함수의 공간에서는 이들이 모두 하나로 뭉쳐져서 나타나게 된다. 이렇게 공간을 축소해 가면 공간 안에 "특이점"이라고 불리는 통상적이지 않은 영역이 다수 나타나고, 그것들이 연결되어 있다. 앞서 말한 플라토는 학습이 이 특이점에 걸려서 여기서부터 벗어나는데 시간이 걸리는 것이다.

특이점 근처에서의 학습의 행태에 대해서는 자세히 조사되어 있다. 특이점 해소라는 해석방법을 사용하여 조사하게 되는데, 이것이 그리 간단하지 않다. 퍼셉트론이라고 해도 심오한 수학적 이론을 내포하고 있는 것이다.

저자는 수리뇌과학과 함께 정보기하를 연구하고 있다. 정보기하의 입장에서 보면, 퍼셉트론의 파라미터 공간은 구부러진 리만(Riemann) 공간이 된다. 전문적인 얘기가 되겠지만, 그 공간에서 길이를 측정하는 잣대는 리만계량이고, 통계학에서 사용되는 피셔정보행렬로 정의될 수 있다. 특이점에서는 이 계량이 퇴화되어버린다.

학습에서 이러한 퇴화의 효과를 없애기 위해서는 리만 공간의 입장으로 돌아가서, 손실함수의 기울기를 리만 공간 안에서 생각하면 된다. 식은 약간 복잡해지지만, 이렇게 얻어진 기울기를 사용하면 플라토는 소실되고 빠른 학습이 가능하다. 이 방식을 "자연기울기학습법"이라고 하는데, 이것은 현재 주목받고 있는 심층학습에서도 유효하다.

그러나 계산이 복잡하므로 여러 가지 간소화 방법들이 전 세계에서 연구되고 있다.

실제 뇌는 어떻게 학습하는가

퍼셉트론을 일례로 하여 교사신호를 사용하는 학습법에 대하여 설명해 왔다. 이는 알기 쉬운 공학모델이다. 그렇다면 실제 뇌의 학습은 어떻게 이루어지는 것일까. 뇌의 신경회로를 조사해도 학습을 위해 오차가 회로의 역방향으로 흘러가는 오차 역전파와 같은 현상은 없다. 따라서 퍼셉트론의 학습은 뇌의 구조를 모델링한 것으로는 전혀 볼 수 없다.

그렇다고 완전히 다른 것이냐 하면, 그렇다고 단정 지을 수도 없다. 확률강하학습법은 학습정보처리의 하나의 원리를 알고리즘으로 표현한 것이다. 뇌는 이 원리를 실제화 하는 것에 이르지 못했던 것일지도 모른다.

뇌의 구조는 진화에 의해 이루어진 것이므로, 확률강하학습으로 실현할 수 있는 메커니즘을 다른 방법으로 진화의 과정을 통해 실현했을지도 모른다. 만약 그렇다면, 심층학습등에서 나타나는 구조가 실제의 뇌와 공통점을 가지고 있다고 해도 전혀 이상할 것 없다.

제2차 뉴로 붐이 가라앉으면서 학습의 이론 연구도 양극화되어 갔다. 그 중 하나는, 더욱더 뇌에 충실한 모델을 만들어 실제 뇌에 대한 학습의 기반을 이론으로 밝혀내려는 계산론적신경과학이다. 이는 뇌의 실험적 연구와 손을 잡으면서 뇌과학에서 필요불가결한 부분이 되어 있다. 다음에서 설명하는 강화학습도 여기서 연구되었다.

또 다른 하나는, 기계의 학습에 초점을 맞추어 그 일반적인 구조를 밝히는 방향이다. 예제를 사용하여 학습한 기계가 그 예제에 없는 새로운 입력 신호에 직면했을 때, 얼마나 잘 처리할 수 있는지에 관하여 조사한다.

즉, 예제를 사용하여 학습하여 얻어진 결과가, 예제에 포함되어 있지 않은 보다 넓은 범위의 문제에 대해서 어느 정도 타당할 것인가를 논하는 것이다. 이를 "일반화의 문제"라고 칭하고, 이른바 훈련오차와 일반화오차의 관계를 조사하는 것이 된다. 이로부터 신경회로를 벗어나서 기계학습 분야가 독립하여 인공지능의 수법으로서도 확립되어 갔다.

심층학습 등의 제 3차 뉴로 붐은 기계학습의 분야로부터 파생되어 제 3차 인공지능 붐과 손잡고 다시 세 번째의 봄을 맞이하고 있다. 이번에는 어떤 꽃이 필 것인지 기대되는 바이다.

퍼셉트론 여담

이야기를 저자 자신에 관한 것으로 조금 되돌려 보겠다. 저자가 확률강하학습법을 제안한 1960년대 후반은 제 1차 뉴로 붐이 끝나갈 무렵이었다. 규수의 구주온천에서 온천욕을 하면서 생각해 낸 것이라고 앞서도 말했었다. 그 당시에는 학습에 관해서도 여유를 가지고 연구에 열중할 수 있었다.

제2차 뉴로 붐에서 오차역전파법으로 이 방식이 널리 알려지고, 이 붐도 끝나갈 무렵, 저자는 대학에서 정년을 맞이하였다. 젊었을 때에 비하여 다소 쇠약해진 것은 아닐까 염려되었다. 젊은 연구자들과 이론 면에서 경쟁하면 이길 수 없을지도 모른다고 생각했다.

그러나 저자에게는 뇌의 모델 이외에도 비밀병기인 정보기하가 있었다. 신경회로의 해석에 정보기하의 수법을 사용하면 다른 사람들은 할 수 없는 연구가 가능하다. 나이 들어서도 젊은이들과 승부해볼만 한 것은 이것이라고 자부하였다. 이때 제안한, 리만 공간을 사용한 자연기울기학습법은 퍼셉트론 뿐 아니라 현재의 심층학습과, 로봇의 학습에 사용되는 강화학습에도 적용되어 중요한 기법이 되고 있다.

강화학습으로 전략을 세우다

퍼셉트론은 입력신호를 식별하는 정적인 기계라고 할 수 있다. 뇌는 수순을 따라서 문제를 풀어가는 동적인 정보처리를 항상 수행하고 있다. 정적인 패턴의 판별은 뇌 기능의 아주 일부에 지나지 않는다.

예를 들어 바둑이나 장기 등의 게임을 생각해 보자. 현재의 국면에서 어떤 수를 두는 것이 좋을까. 가능한 수들 중에서 하나를 골라서 실행하면 그에 따라 국면이 변한다. 이것으로 국면이 좋아질 수도 있고 나빠질 수도 있다. 목적은 최종적으로 승리하는 국면에 도달하는 것이다. 대충 선택한 수를 두면서 시행착오를 거쳐서는 승리에 도달하는 것이 쉽지 않다.

어떤 수가 좋을지를 도중에 가르쳐 주는 교사는 현실세계에서는 통용되지 않는다. 승패는 최후 국면에서 결정되는 것으로, 그 결과가 보수가 된다.

물론 게임의 도중에 칭찬을 받거나 한다면 이것도 보수의 일부가 될 수 있다. 이 보수도 교사신호로서 사용해도 좋으나 그다지 도움이 되지는 않는다. 보수를 교사신호로 사용하여 학습할 때에도, 도중에 어떻게 하면 좋았을 지는 최종 결과로부터 추론할 수밖에 없다.

이와 같이, 국면을 한 단계씩 변화시키는 방책을 "다단 결정과정"이라고 한다. 현 시점에서 어떤 행동을 하면 곧바로 최종 결과가 나오는 것이 아니라, 국면을 한 단계 앞으로 진행시키는 것뿐이다. 그 행선지에 최후 결과가 기다리고 있다.

게다가 상태의 전이는 많은 경우에 확률적으로, 이쪽에서 어떤 수를 두었을 때, 그 결과로 국면이 어떻게 움직일지는 확률에 의해 결정된다. 게임의 경우라면, 상대가 둘 수를 알 수 없으므로, 그때그때 랜덤한 요인이 작용한다. 이러한 문제들은 "마르코프결정과정"이라고 불리며, 이에 관한 많은 연구들이 존재한다.

마르코프 결정과정에서의 학습전략은, 심리학 용어를 사용하여 "강화학습"이라고 부른다. 최후의 결과로부터 도중 과정에서의 좋은 전략을 추정하여 이것을 강화한다. 이를 위해서 각 국면(이것을 "상태"라고 부른다)에 대하여, 그것이 어느 정도 좋은지를 평가해야 한다.

상태 S가 $V(S)$의 가치가 있다고 하자. S가 승리에 가까운 상태일 경우에는 그 가치가 높고, 패하는 패턴이라면 가치는 낮다. 상태의 가치는 누군가 직접 알려주는 것이 아니다. 학습에 의해 찾아내지 않으면 안 된다.

상태 S에 있을 때, 어떤 수를 두면 좋을 것인가. 가능한

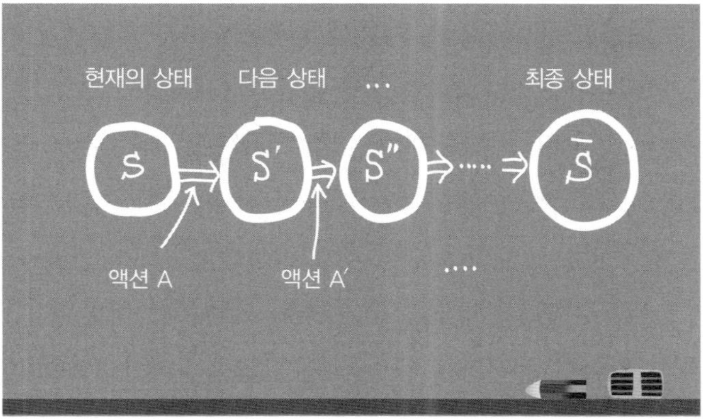

■ **그림 5-7.** 액션과 상태전이
현재의 상태가 S일 때 액션 A를 취하면, 상태가 S′에로 변화한다. 거기에 다시 액션 A′를 행하면, S″로 변화한다. 이와 같이 액션을 반복하면 최종 상태 $\bar{S}$에 도달하고, 결과의 좋고 나쁨을 알게 된다.

수는 많을 것이다. 하나의 수(액션이라고 부른다)를 선택하면 상태는 변화하여 S와 A에 의해 결정되는 새로운 상태 $S' = F(S, A)$로 옮겨간다.

그런데 이러한 상태 전이는 확률적인 것으로, 실제로는 A를 선택하면, 이에 의해 S가 S'로 변하는 확률값이 정해져 있다. 그렇지만 이 확률값은 알 수 없다. 상황이 확률적으로 변하므로, 자신의 전략도 확률적으로 보고, 상태가 S에 있을 때, 액션 A를 선택할 확률을 정하고, 국면을 확률적으로 움직여간다. 이 확률을 $\pi(A \mid S)$라고 쓴다.

액션의 선택을 확률적으로 수행하는 것은, 항상 같은 수를 두는 것이 아니라 수를 변화시켜서 여러 가지 가능성을 시도함으로써 학습의 자산으로 만들 필요가 있기 때문이다. 그러나 선택하는 액션 *A*는 다음에 나타나는 상태의 가치를 높이는 것일 필요가 있다.

액션 *A*를 선택한 경우에 상태가 어디로 움직일 것인지에 대한 확률과 움직인 상태의 가치를 안다면 *A*를 선택하면 어느 정도 좋은 상태로 갈 것인지를 평가할 수 있다(그림 5-7).

현재의 상태 *S*의 가치는, *A*를 잘 선택했을 때 정해지는 다음 상태의 가치와 같다고 생각해 보자. 액션 *A*는 확률 $\pi(A|S)$에 따라서 선택하지만, 만약 그 결과가 나쁘다면 *A*의 선택 방법을 바꾸지 않으면 안 된다.

기대한 것 이상으로 결과가 좋은 경우도, 반대로 나쁜 경우도, 모두 자신의 인식이 어딘가 사실과 다르다는 것을 의미한다. 무엇이 잘못되었는가 하면, 상태에 대한 평가 $V(S)$가 잘못되어 있기 때문일지도 모르고, *A*를 선택하는 확률이 잘못되어 있기 때문일지도 모른다. 결과가 예상보다 좋았을 때에도 마찬가지이다.

이 경우 현재의 인식을 변화시키지 않으면 안 된다. 변화시키는 것은, 상태 *S*의 평가 가치 $V(S)$와 그로부터 *A*를 선택하는 확률 π이다. 이는 확률분포와 관련된 것이므로, 확률강하법이 사용된다. 그것도 리만 공간에 안에서 발생하므로, 정보기하를 사용한 전략자연기울기법이 유력하다.

간단히 말하면, 현재의 상태로부터 다음 상태로 이동하여, 그 가치가 예상한 대로가 아니라면 변화시키지 않으면 안 된다. 이 때, 자신의 예측과 어느 정도 차이가 나는지가 예측 오차이고, 이를 교사신호로 사용하여 오차가 줄어드는 방향으로 학습을 진행해가면 된다. 이것이 강화학습이다.

강확학습의 교사신호는 도파민?

실제 뇌의 신경계는 정말로 이러한 번거로운 방법으로 학습을 진행해 가는 것일까.

원숭이도 다단계의 결정이 가능하다. 원숭이에게 이러한 다단계의 수순을 학습시키는 실험에서 신경과학자인 슐츠(Schultz)는 흥미로운 사실을 발견하였다.

대뇌기저핵에는 도파민이라는 화학물질을 내는 뉴런이 있다. 아직 멀었다고 생각하여 예상치 않고 있던 때에 먹이가 주어지는 등, 기대이상으로 좋은 결과를 받으면 도파민이 많이 나오지만, 먹이가 주어질 것이라고 예상한 때에 주어지지 않으면, 실망하여 반대로 도파민 분비가 감소한다.

어쩌면 원숭이는 도파민을 단서로 하여 대뇌기저핵에서 강화학습을 수행하고 있는지도 모른다고 슐츠는 생각하였다. 어떤 수순의 끝에 정답에 도달한 경우에, 원숭이는 그 시점에서 먹이를 얻는다. 처음에는 그곳이 정답이라는 것을 몰랐기 때문에 먹이를 기대하지 않았는데도 먹이를 얻었기에 원숭이는 기뻐한다. 이것이 기대 이상으로 좋은 결과를 냈다는 좋은 의미의 예측오차가 되어, 도파민이 나온다. 원숭이는 도파민을 단서로 사용하여 이 상태는 좋은 상태이므로 여기에 도달하는 수순은 좋은 것이라는 점을 학습한다.

이것을 알고 나면, 정답에 도달하는 직전 수순의 상태까지 오면, 원숭이는 일이 잘 되었음을 알고 이제 먹이를 받은 것이나 다름없다는 것을 알게 된다. 따라서 이 상태의 가치는 높아진다. 이렇게 되면, 여기에 도달했을 때에 도파민이 앞서서 나오게 된다.

거기에 다음 상태가 되어 먹이를 정말로 얻게 되어도 이는 예상한 그대로 이므로 이 시점에서는 더 이상 의외성은 없어지고 도파민은 나오지 않는다. 이 상태는 이미 학습이 완료된 것이다.

도파민은 먹이에 대응하여 나오는 것이 아니라, "예상한 것 보다 좋았을 때" 나오는 것이다. 이렇게 학습이 진행됨에 따라, 국면(상태)의 평가가 개선되어, 이를 바탕으로 도파민이 나오는 타이밍이 앞쪽으로 이동해 간다.

강화학습은 수학적으로는 어려운 비선형 확률최적화 문제이다. 뇌가 이와 유사한 시스템을 채용하여 학습을 수행한다는 것은 매우 흥미로운 일이다.

뇌는 다단결정문제를 푸는 구조를 진화의 과정에서 만들어 냈을 것이다. 물론 뇌가 어려운 수식을 풀고 있는 것은 아니다. 그러나 수식으로 나타난 원리는 뇌가 어떤 구조로 이 문제를 풀고 있는지, 다시 말해 정보의 원리를 어떻게 실현했는지를 밝혀내기 위해 유력한 시사점을 제공한다.

강화학습은 로봇 등과 같이 자율적인 학습에도 사용된다. 로봇에 이를 도입하는 것은 뇌가 이 원리를 실현하는 것에 비하면 훨씬 쉬운 일일 것이다. 강화학습은 인공지능에서 게임의 전략을 획득하는 데에도 사용된다. 지금 화제인 구글의 인공지능 "알파고"는 강화학습과 심층학습을 조합하여 사용하고 있다.

비교사 학습이란 – 자기조직화학습

동물은 태어날 때부터(어쩌면 어미의 태내에 있을 때조차도) 학습을 하고 있다. 하등동물일수록 뇌의 구조가 유전자에 의해 지정되어 있어서 학습의 비율은 낮다.

다양한 환경에서 살아가는 인간은 환경의 정보를 모두 유전자에 고정하여 가지고 있는 것이 아니라, 스스로 학습에 의해 획득하고 그것에 대처하는 기술을 몸에 익힌다. 이것이 변화하는 환경에서 살아남는 전략이다.

환경으로부터의 다양한 정보를 받아들일 때에 특별한 교사신호는 없다. 물론 이 정보 하에서 행동을 일으키면, 그 결과가 나타나고, 이것이 교사신호가 되어 앞서 기술한 교사학습이나 강화학습이 진행된다.

그러나 그에 앞서서 다양한 환경의 정보구조를 뇌 안에 획득해 두는 것이 "자기조직화"라고 불리는 비교사학습이다. 이는 환경의 정보를 뇌 안에 어떻게 표현할 것인지, 정보 표현을 학습하는 것이라고도 볼 수 있다. 외부 세계에 자주 나타나는 신호에 대하여, 그것을 처리하기 쉬운 표현을 만들어 두면 그 후의 교사학습에서도 유리하게 작용할 것이다.

1개의 뉴런을 생각해 보자. 뉴런은 시냅스 가중치를 변화시킴으로써 자신을 환경에 맞춘다. 헤브가 생각한 방식은 단순한 것으로, 이 뉴런이 흥분했을 때 흥분에 기여한 입력을 받아들이는 시냅스를 강하게 하면, 다음에 같은 입력이 들어와도 이것에 익숙해져 가중치가 증가되어 있으므로 보다 흥분하기 쉬워진다는 것이었다.

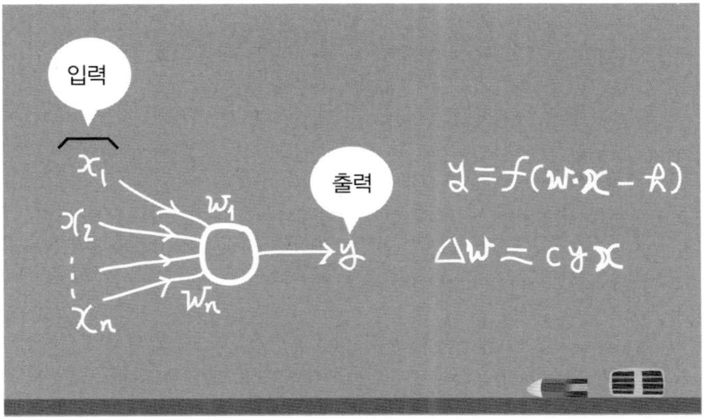

■ **그림 5-8.** 뉴런의 헤브 자기조직화학습
시냅스의 가중치 $w=(w_1, w_2, \cdots, w_n)$를 자신의 입력신호 ($x_1$부터 x_n까지의 입력신호와 출력 y)를 바탕으로 변경해 간다.

회로 안에서 생각하면, 정보가 전달된 경로에 따라서 시냅스가 강화되어, 이전에 주어진 정보는 더 전달되기 쉬워진다. 이는 아주 그럴듯한 가설로, 생리적으로도 무리가 없다.

수식에서 표현한 것을 그림 5-8에 나타내었다. 입력신호를 $\boldsymbol{x} = (x_1, x_2, \cdots, x_n)$, 이것을 받아들이는 시냅스의 가중치를 $\boldsymbol{w} = (w_1, w_2, \cdots, w_n)$ 이라고 하고, 출력 y를 그림에 나타난 함수로 정한다. 여기서 h는 역치값이다.

알기 쉽게 설명하기 위해, f는 0과 1의 값을 가지는 것으로 두지만, 사실은 시냅스의 발화율을 나타내는 아날로그 값으로 두는 것이 응용 범위가 넓다. 헤브의 법칙은, y가 양의 값을 가질 때의 시냅스 가중치를 그 때의 $\boldsymbol{x}$의 값에 대응하여 증가시키는 것이었다. 시냅스 벡터 $\boldsymbol{w}$의 변화량 $\Delta \boldsymbol{w}$은 y와 $\boldsymbol{x}$의 곱에 비례한다.

이는 가장 기본적인 방법으로, 이것만으로라면 시냅스의 가중치는 증가하기만 한다. 당시는 억제성 뉴런은 알려져 있지 않았고, 시냅스의 가중치가 음이 될 수 있다는 것도 알려져 있지 않았다.

그러나 일방적인 증가만으로는 곤란하다. 헤브 학습을 안정시키기 위해서는 억제의 효과를 넣으면 된다. 저자가 생각한 것은, 억제성 시냅스가 있으면 그것을 학습으로 강화시키는 것으로, 이것으로 지나치게 흥분하기 쉬워지는 문제는 해결된다.

결국 억제성 시냅스도 학습에 의해 증감시키면 되는 것이다. 억제성 시냅스가 있으면 그것은 실효적으로는 흥분과 관련된 함수의 역치 h를 변화시키는 효과가 있으므로, 흥분과 억제가 연결되어 적절한 곳으로 수렴해 간다. 학습에 있어서 억제가 중요하다는 것은 지금은 당연한 것으로 여겨진다.

이것에 더하여, 뒤에서 기술하는 바와 같이 시간에 의존하는 헤브 학습이 제안되어, 입력의 펄스와 표적 뉴런의 발화 간의 시간차로 시냅스의 강도가 증감한다는 가설도 알려져 있다. 이를 "시간의존 시냅스 가소성"이라고 부른다.

컬럼

노벨상과 뉴로-붐

역치 h가 학습에 의해 실효성 있게 변화한다는 생각은, 후에 비안스톡(Bienenstock), 쿠퍼(Cooper), 문로(Munro)라는 3인의 미국과 프랑스의 뇌 모델 연구자들에 의해서도 제안되었다.

이 중 물리학자 쿠퍼가 초전도로 노벨 물리학상을 받은 것도 영향을 주어, 이후 그들의 이름 첫 자를 따서 "BCM 모델"로 불리면서 그 이름이 정착되었다.

제 2차 뉴로 붐 즈음에, 일본은 버블경기의 정점에 있었다. 일본의 기업이나 단체가 많은 학자를 외국에서 초청하여 강연을 의뢰하였다. 신문사 등이 큰 돈을 투자하여 노벨상 수상자를 불렀던 것이다. 쿠퍼는 일본 전국을 순회하면서 "일본인은 외국에서 발견된 원리를 바탕으로 좋은 기술을 개발하여 세계에서 승리한 것은 훌륭하나, 이는 모방의 재능일 뿐, 진정한 독창성은 결여되어 있다"라고 강연하였다. 일본이 버블 경제로 들떠있었던 시대에, 이것은 칭찬인 것처럼 보이지만 결국 비방한 것이다.

그러나 BCM 모델 하나만 보아도, 그것은 일본에서 처음 생각해 낸 것으로, 최초로 제안한 저자는 화가 났으나, 나 정도가 잘못되었다고 주장한다고 해도 사마귀가 도끼를 휘두르는 것과 같이 무모한 일로, 노벨상의 후광에는 도저히 이길 수 없었다. 지금은 일본인의 노벨상 수상자도 늘어나, 노벨상의 권위가 세계를 지배하는 풍조는 옅어지고 있다.

이는 좋은 일이지만, 최근과 같이 기초 연구보다는 바로바로 도움이 되는 연구를 하도록 대학교수들이 재촉 당하고, 나아가 보고서나 제안서 작성, 거기에 평가 등의, 연구 이외의 관리업무에 힘을 빼앗기고 있는 상황에서는 일본인의 노벨상 수상자도 20~30년 후에는 격감할지도 모르겠다.

뇌는 자기조직화한다

실제의 뇌에서 자기조직화가 일어난다는 것은 실험에 의해 확인되었다. 실험 방법은 다음과 같다. 갓 태어난 고양이의 눈에 고글을 씌워 둔다. 이 고글에는 세로줄무늬가 들어가 있어서, 고양이를 하얀 방에서 키우면, 이 고양이에게 있어서 세상은 세로줄무늬 만으로 이루어져 있다. 또 한 마리의 고양이에게는 가로줄무늬 모양 밖에 보이지 않도록 한다.

보통의 환경에서 자란 고양이에서, 뇌의 시각야에 있는 뉴런들이 어떤 영상을 보면 흥분하는 지를 조사한다. 보통의 고양이에게서는 세로줄무늬에 반응하는 세포, 비스듬한 줄무늬에 반응하는 세포, 가로줄무늬에 반응하는 세포 등이 나란히 배열되어 있다. 이 세포들을 사용하여 고양이는 외부 세계의 시각정보를 분석한다. 그러나 앞서 말한 특수한 환경에서 자란 고양이에게는 이것이 정상적으로 형성되지 않았다.

세로줄무늬 밖에 없는 환경에서 자란 고양이에게는 많은 뉴런이 세로줄무늬에 반응하여 이를 검출하는 것으로 변화했고, 가로줄무늬를 보지 않았기에 이를 검출하는 뉴런은 소실되었다. 또 다른 한 마리의 고양이는 가로줄무늬에 반응하는 뉴런만을 다수 형성하였다. 어느 쪽이든 외부의 정보를 자기조직화하여 그 정보를 표현하는 세포를 뇌의 내부에 만들어 낸 것이다.

보다 단순하게, 생후 바로 오른쪽 눈을 안대로 감싼 고양이와 왼쪽 눈을 안대로 감싼 고양이를 기른 실험도 있다.

보통의 고양이의 시각야에는, 각각의 눈으로부터 정보를 받아서 이것을 분석하는 뉴런들이, 오른쪽 눈과 왼쪽 눈에 대응하여 교대로 나열된다. 그러나 오른쪽 눈만으로 사물을 본 고양이는 왼쪽 눈으로부터의 정보를 분석하는 뉴런이 없어져, 대부분이 오른쪽 눈 전용의 뉴런으로 변화하였다. 왼쪽 눈만의 경우는 그 반대의 결과였다.

뇌 내부에서 계층이 한 단계 위로 올라가면, 양안의 정보를 융합하는 뉴런이 나타난다. 입체시를 가지기 위해서는 대응된 물체가 오른쪽 눈과 왼쪽 눈에 비친 미묘한 시각차로부터 깊이의 지각을 만들어내게 된다. 이 때 양방향의 눈으로부터의 신호를 비교하는 것이 중요하다. 한쪽 눈만으로 사육된 고양이는 외부 세계가 양안정보를 가지는 환경에 있지 않았기 때문에, 양안으로부터의 정보를 융합하여 비교하는 뉴런을 형성하지 못했다.

그러면, 오른쪽 문을 안대로 몇 분 간 감싸고, 다음으로 왼쪽 눈을 안대로 몇 분간 감싸는 것을 반복한 고양이는 어떻게 될까.

오른쪽 눈으로부터도 왼쪽 눈으로부터도 정보가 들어오므로, 정상적인 시각야를 만들어 낼 것인가. 확실히 제 1차 시각야에는 오른쪽 눈으로부터의 정보를 받는 뉴런도, 왼쪽 눈으로부터의 정보를 받는 뉴런도 형성되었다.

그러나 이것을 융합하는, 한 단계 위의 계층에 있어야할 뉴런은 형성되지 않고, 양안의 정보를 융합할 수 없었다. 이 고양이가 접한 외부 세계에는 오른쪽 눈의 정보도 있었고, 왼쪽 눈의 정보도 있었으나, 이것이 동시에 들어오는 일이 없었기 때문이다.

이 사실은 간단한 헤브모델(억제성 시냅스의 학습을 넣은 저자의 모델도 마찬가지이고, 역치를 학습하는 BCM 도 마찬가지이다)로 잘 설명할 수 있다.

약간 이야기를 벗어나보자. 앞에서도 설명하였으나, 1970년대에는 미숙아들이 산소농도가 높은 보육기에 넣어져 길러지는 것이 보통이었다. 산소는 눈에 독이 될지 모른다는 것 때문에 안대를 씌웠다. 이러한 환경은 정상적인 시각야 뉴런을 형성하는 데 장해가 된다. 미국에서는 이 사실을 바탕으로, 안과의사가 의료미스를 범했다고 재판에 붙여져 손해배상이 청구되었다. 논점은, 고양이나 원숭이에서 밝혀진 이러한 기초의학의 최신 사실을 일반 안과의사가 바로 공부하여 필요한 처치를 취할 수 있었느냐는 것이다. 어찌 되었든, 그 후 미숙아에게 안대를 씌우는 처치는 없어졌다.

뇌의 자기조직화에 대한 논의를 조금 일반화시켜서 생각해 보자. 외부 세계에는 여러 가지 신호가 있지만, 무엇이든 있는 것은 아니다. 자연 환경에는, 나무, 숲, 산, 강, 거기에 사람과 동물이 있다. 이들은 윤곽선이 모여져서 형태를 이루고 있다. 한편, 입력이 없을 때 TV에 비치는 화이트노이즈와 같은 무의미한 신호는 보통은 나타나지 않는다.

이러한 환경에서 다수의 뉴런으로 이루어진 뇌가 외부 세계의 신호를 받아, 헤브 방식으로 자기조직화를 수행한다.

이 때 감각정보를 받아 처리하는 뉴런은, 자주 나오는 신호의 특징들 중 어느 하나에 특화되어, 그것이 나타났을 때에는 흥분하고 그 특징이 없는 신호에 대해서는 흥분하지 않게 된다. 바꿔 말하면, 이 특징을 표현하는 뉴런이 되는 것이다.

신경집단을 더욱 다층으로 연결하여 계층을 쌓아 올라가면, 보다 복잡한 특징을 검출할 수 있을지도 모른다. 심층학습이 목적으로 하는 것이 이것이다.

뉴런은 어떻게 "상대"를 찾을까

외부 세계의 사물은 망막 위에서는 2차원의 상으로 맺힌다. 또한 뇌의 피질도 2차원이다. 망막의 특정 장소의 정보가 대뇌피질에 있는 시각야의 어떤 장소에로 전달될 때에는 장소 단위로 대응된다.

즉, 망막과 피질간의 1 대 1의 연속적인 사상이 있어서, 2차원 토폴로지를 보존한다(그림 5-9). 이것을 "레티노토피(Retinotopy)"라고 한다. 물론 뇌 안에서 이 대응이 어디까지라도 계속되는 것은 아니고, 층이 높아짐에 따라 장소와 관련이 없는 보다 고차원의 정보가 표현된다.

레티노토피도 자기조직화로 형성된다. 망막과 시각야에

서 1 대 1의 장소의 대응이 있다고 하면, 망막으로부터 나온 뉴런은 자신이 시각야의 어느 장소에 결합되어야 하는지, 그 행선지를 알지 않으면 안된다. 뇌의 발생 초기에, 뉴런이 축삭을 뻗어서 결합할 상대를 탐색하고 있는 시기에, 가야할 장소에 관한 정보를 담당하는 것은 무엇일까.

하나의 가설은, 특수한 화학물질이 있어서 각 뉴런은 도달할 장소에 대응하여 이 물질의 농도를 변화시키고 있고, 이는 유전정보에 의해 결정된다는 것이다. 또한 받아들이는 쪽의 피질에도 같은 물질이 있어서, 그 양자의 농도를 매칭

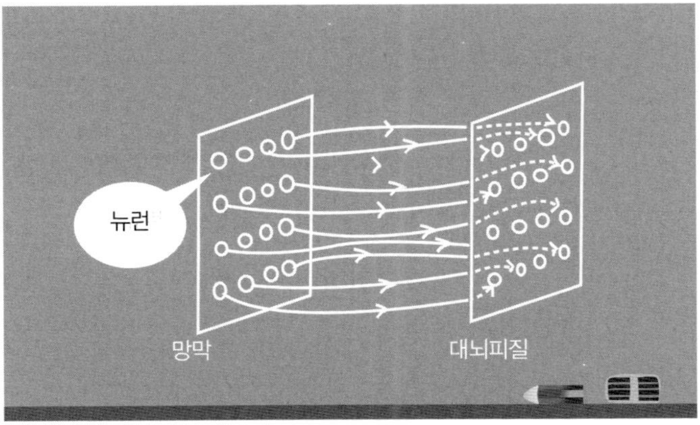

■ **그림 5-9.** 망막과 대뇌피질 시각야의 레티노토피
시각자극을 받는 망막의 뉴런과 대뇌피질의 시각야의 뉴런은 1대1로 대응하여 2차원의 정보로서 보존되어진다.

하는 것으로 결합 상대가 결정된다는 가설이다. 이것은 어느 정도는 사실인 듯 하며, 그 화학 물질에 대해서도 어느 정도 알려져 있다고 한다. 축색이 뻗어나갈 때, 그 방향을 지시하는 물질도 밝혀지고 있다.

그러나 이것만으로 정확한 대응관계를 확립하는 것은 어렵다. 게다가 망막의 일부를 소거해도 남은 망막과 피질 간에 1 대 1 대응관계가 부활하는 것이 확인되어졌다. 이로부터, 자기조직화로 이 대응이 정밀화 된다는 가설이 유력해졌다. 독일의 신경과학 이론가 폰델 막스부르크(Von del Malsburug)가 훌륭한 자기조직화 이론을 제시하였다.

망막에서는 근처에 있는 뉴런은 동시에 발화하는 경우가 많다. 그러면 받아들이는 쪽의 뉴런에 연결될 때, 동시에 발화하는 축삭은 망막 상에서 가까운 뉴런으로부터 오는 경우가 많다는 것을 의미한다. 이 정보를 사용하여 동시에 발화하는 뉴런의 축삭은 시각야에서도 가까운 뉴런에 결합되도록 하면 된다. 자기조직화는 이렇게 진행된다.

이는 신경장의 자기조직화이므로 뉴런의 자기조직화와 신경장의 흥분의 다이나믹스를 조합하여 생각하지 않으면 안된다. 이렇게하여 신경장의 자지조직화이론이 만들어진다. 이에 대해 해석하는 것은 어려운 일이지만 어느 정도 성공하여 레티노토피의 형성을 설명할 수 있게 되었다.

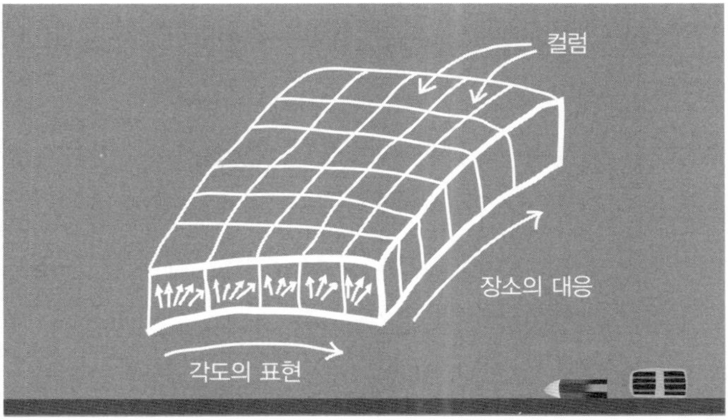

■ **그림 5-10.** 대뇌피질의 컬럼구조와 레티노토피
대뇌피질은 레티노토피에서 2차원의 장을 표현하는 것 뿐 아니라, 망막에 맺힌 선분의 각도 등의 정보를 블록형태의 컬럼 내에서 표현하고 있다.

그 뿐 아니다. 신경장은 레티노토피 뿐 아니라 망막에 비친 선분의 각도 등, 다른 정보도 표현하지 않으면 안된다. 이렇게 치자면 외부 세계의 정보는 2차원이 아니라 다차원이므로, 신경장의 2차원만으로는 차원이 부족하다.

다행인 점은, 신경장의 자기조직화방식이 이러한 경우에 신경장을 블록 구조로 이산화 하여, 이산화 한 영역이 2차원에 나열되어 레티노토피를 유지하는 것과 동시에 블록의 내부에 각도 등 다른 정보를 표현하는 뉴런을 나열하는 것이 가능하다는 것이다. 이것이 신경장의 자기조직화이론으로, 편미적분 방정식으로 기술할 수 있다. 이러한 이론적 구조가 실제의 뇌에서도 컬럼구조나 미니 컬럼구조라는 것으로 실현되어 있는 것은 놀랄 만한 일이다(그림 5-10).

해마의 경우는, 같은 특징을 표현하는 뉴런이 이웃하여 나열되는 것이 아니라, 격자상의 떨어진 위치에 잘 정렬되어 나열되어 있다. 이것을 그리드 구조라고 하는데, 이것도 역시 자기조직화로 만들어진다.

또한 외부 신호의 토폴로지 관계를 뇌 안에 표현하는 토폴로지컬 맵의 형성은, 그 이후, 핀란드의 뇌과학 이론가 코호넨(Kohonen)이 신경장의 다이나믹스를 간소화 하여 알기 쉽게 표현함으로써 효율적인 알고리즘을 제안하였다. 현재 이 모델은 공학적으로 자주 사용되고 있다.

시간정보를 추가한 헤브학습

자기조직화의 기본 법칙으로 일반화된 헤브학습이 주로 사용된다. 그러나 그 안에는 시간 요소가 들어 있지 않다.

보다 정밀하게 생각해 보면, 입력신호가 각 시냅스로 들어가면 그 결과로 일어나는 뉴런의 흥분에는 약간의 시간차이가 생긴다. 이때 입력보다 조금 늦게 흥분된 뉴런에 대하여, 그 시냅스의 가중치를 증가시킨다. 또한 입력이 들어오는 것보다 약간 앞서서 흥분한 뉴런에 대해서는, 이 입력은 흥분에 기여하지 않았으므로 시냅스의 가중치를 줄이는 방식을 생각해 볼 수 있다.

이는 실제의 생물의 시냅스의 증감을 관측함으로써 확인된 것으로, "시간의존 시냅스 가소성(STDP: Spike-Timing-Dependent Plasticity)"이라고 불린다.

이것을 차용하여 자기조직화를 생각해 보자. 입력 신호는 자주 나타나는 것과 그렇지 않은 것이 있어서, 확률로 표현할 수 있는 구조를 가지고 분포하고 있다고 하자. 그러면 시간의존 자지조직화에서도 앞서의 경우와 같이 특징을 추출하는 뉴런이 형성 될 수 있음을 확인할 수 있다.

앞에서 살펴본 단순한 모델에서는 역치 혹은 억제성 시냅스를 이용하여 밸런스가 유지되도록 하지 않으면 안되었다. 재미있는 점은, 이 모델에서는 뉴런의 발화 전에 들어온 입력에 대하여는 시냅스가 약화되므로 억제의 효과가 자동적으로 들어가게 된다는 것이다.

물론 실제 생명체에서는 이러한 원리를 실현하기 위해 무엇을 사용해도 상관없으니, 억제성 시냅스도 있을 것이며 시간관계를 사용하는 것도 있을 것이다. 원리의 실현은 진화의 결과이므로 무엇이든 가능한 셈이다.

따라서 수리뇌과학에서도 가능한 한 간단한 모델을 사용

하겠다. 만약 시간관계의 기제가 중요한 현상을 모델화한다면, 그에 맞추어서 보다 복잡한 모델을 사용하는 것이 좋을 것이라고 생각한다.

스파스 표현이란 무엇일까?

스파스(sparse) 신호처리는 최근 10년 동안 신호처리 분야에서 중심적인 화제가 되었다.

그 기원 중의 하나로 뇌에 관한 신호처리를 꼽을 수 있다. 당시 새롭게 제안된 그 착상이 지금은 강력한 방법론으로서 생명과학, 통계학, 천문학, 재료공학 등 넓은 범위의 과학 영역에서 주목받고 있다. 뇌과학과는 약간 다를 수도 있으나, 그 처리방식에 관하여 설명해 두겠다. 다소 수학적인 설명이 들어가므로, 가볍게 전체적인 흐름을 파악하는 정도로 살펴보면 되겠다.

벡터 $\boldsymbol{x}$가 있을 때, 그 성분 중 대부분이 0이라고 하자. 이것을 "스파스 벡터(희소벡터)"라고 하고, 0이 아닌 요소를 "활성화된 성분"이라고 부른다.

뇌에는 매우 많은 뉴런이 있으므로, 이것들이 전부 활동한다면 에너지 보급이 충분히 이루어지기 힘들 것이다. 어떤 과제를 수행할 때에 활동하는 것은 항상 일부의 뉴런뿐일지도 모른다. 일부라고 해도 숫자로 센다면 꽤 큰 수가 되겠지만, 전체 뉴런들의 활동을 벡터로 표현하면 스파스 벡터가 되는 셈이다. 뉴런들 간의 결합도, 전체 뉴런들 간의 결합을 생각한다면, 실제로 이어진 결합은 매우 스파스하다.

지금 우리가 알고 싶은 것이 m개의 성분을 가진 신호에 관한 것이라고 하자. 이것을 벡터 $\boldsymbol{s}$로 나타낸다. 이것이 요인이 되어 결과 $\boldsymbol{x}$가 나타나지만, 우리는 결과 만을 알고 있으므로 요인 $\boldsymbol{s}$는 추측해야만 한다.

관측 가능한 것은 요인의 선형결합, 다시말해 요인의 가중합이라고 하자. 요인에 가중치가 곱해진 항들이 합해져서 최종 결과가 된다. 가중치 계수를 벡터로 나타내어 $\boldsymbol{a}$라고 하고, 이것은 알고 있는 값이라고 하자. 식 5-3에 $\boldsymbol{x}$를 표현하는 식을 나타내었다.

(식 5-3)

$$\boldsymbol{x} = \boldsymbol{a}_1 s_1 + \boldsymbol{a}_2 s_2 + \cdots + \boldsymbol{a}_m s_m \quad ①$$

$$x_i = \sum_{j=1}^{m} a_{ij} s_j \quad ②$$

$$\boldsymbol{x} = A\boldsymbol{s} + \boldsymbol{\varepsilon} \qquad A = [\boldsymbol{a}_1 \boldsymbol{a}_2 \cdots \boldsymbol{a}_n] \quad ③$$

통상의 해: $\sum |x_i - \boldsymbol{a}_i \cdot \boldsymbol{s}|^2$ 을 최소화

스파스 해: $\sum |x_i - \boldsymbol{a}_i \cdot \boldsymbol{s}|$ 을 최소화

하나의 측정벡터 $\boldsymbol{x}$로부터 m개의 신호 $\boldsymbol{s}$의 전체 성분을 추정하는 것은 물론 불가능하다. 따라서 조건을 바꾸면서 여러 번의 측정을 수행한다. 같은 값이 측정되어도 어쩔 수 없으므로, 측정할 때마다 서로 다른 가중치 계수 벡터 $\boldsymbol{a}$를 사용한다. 만약 측정 회수 n이 알고자 하는 신호의 수 m(벡터 $\boldsymbol{s}$의 차원)보다 크다면 정확하게 $\boldsymbol{s}$가 확정 가능할 것이다.

수식을 약간 사용하여 설명해 본다면, 측정 신호의 수를 n개라고 하고, 그것을 모아서 n차원의 벡터 $\boldsymbol{x}$로 나타낸다.

이때, i번째의 측정치 x_i는 이미 알고 있는 계수 벡터 $\boldsymbol{a}_i$와 $\boldsymbol{s}$의 내적으로 나타낼 수 있다. 결합 계수 벡터들 $\boldsymbol{a}_1, \boldsymbol{a}_2, \cdots, \boldsymbol{a}_n$을 모두 나열하면 n행 m열의 행렬 A가 되어 요인 $\boldsymbol{s}$와 측정치 $\boldsymbol{x}$를 연결하는 식은 행렬-벡터 방정식 $\boldsymbol{x} = A\boldsymbol{s}$ 가 된다.

측정치에는 오차가 항상 포함되므로, 식의 마지막 부분에 오차벡터 $\boldsymbol{\varepsilon}$을 더해두어도 좋다(식5-3). $\boldsymbol{x}$로부터 $\boldsymbol{s}$를 구하기 위해서는 이 방정식을 풀면 된다. 측정오차가 0이라고 가정해 보자. $n = m$이라면 행렬 A의 역행렬을 구하면 해결되어, 역행렬 A^{-1}를 사용하여 $\boldsymbol{s} = A^{-1}\boldsymbol{x}$로 쓸 수 있다.

n이 m보다 클 때에는 최소자승법을 사용하면 된다. 그러나 n이 m보다 작으면, 미지수의 개수 m이 방정식의 수 보다 작으므로 이것은 일반적으로는 풀 수 없다. 이러한 조건을 만족하는 $\boldsymbol{s}$가 무수히 많이 존재하는 셈이 된다.

어쩔 수 없으므로, 통상적으로는 그 중에서 **s**의 크기(노름)가 가장 작은 것은 선택하여 해로 취한다. 이는 A의 역행렬 대신 일반 (유사)역행렬을 사용하여 해를 계산하면 된다. 여기까지가 지금까지 잘 알려진 선형회귀 방법이다.

그런데 만약 **s**가 스파스하다는 것을 알고 있다고 하자. 예를 들어 k스파스라고 하여, **s**안에서 활성화된 성분(요인)은 최대 k개로, 그 이외의 성분은 모두 0이라고 가정한다.

0이 되는 성분은 버리고 0 이외의 성분만을 생각하면 **s**는 k차원이므로, k개의 측정치만 있으면 해가 정해진다. 하지만 문제가 그렇게 간단히 해결되지는 않는다. k개의 성분만이 0이 아니라고 해도, 어떤 k개의 성분이 0이 아닌지는 알지 못한다. 그렇다고 해도 0이 아닌 성분이 k개 이하 뿐이라는 것은 중요한 정보로, 문제를 푸는 열쇠가 된다.

여기서부터는 수학적으로 어려워지므로 설명은 생략하겠다. k가 작으면, 측정 개수 n이 m보다 훨씬 작은 $k\log m$정도에서도 많은 경우에 해가 얻어질 수 있다는 것이 알려져 있다.

이는 대단한 발견이라고 할 수 있다. m개의 미지수를 알기 위해 $\log m$의 k배수 정도의 측정으로 해결된다는 것을 의미하기 때문이다. m과 $\log m$의 차이는 매우 크다. 결국 측정을 게을리하여 적은 수의 측정만을 수행해도 해결된다는 것을 의미하며, 이것을 압축측정이라고 부른다. 이를 푸는 알고리즘도 알려져 있어서, 예를 들어 $\boldsymbol{s}$의 1차 노름을 작게 만들면서 풀면 되는데, 이와 관련하여 여러 가지 수학이론이 전개되었다.

$\boldsymbol{s}$가 스파스라는 조건은 많은 경우에 활용될 수 있다. $\boldsymbol{s}$의 어떤 성분이 활성화되어 있어도 좋으나, 실제로 활성화하는 것은 극소수라고 하는 가정은, 자연계에서는 흔히 일어날 수 있는 상황이다.

이 아이디어를 사용하여 과학의 세계에 혁신이 일어나고 있다. 이 이론을 신호처리 분야에 응용하면 휴대전화의 설계나 뇌의 활동의 측정을 수행하는 MRI로부터의 정보해독에서 정밀도를 높일 수 있다. 그 뿐 아니라 천문학에 응용하여 관측데이터로부터 성운이나 블랙홀의 정보를 얻어내려는 시도도 있다. 지구과학, 재료과학 등에의 응용도 시도되고 있다.

뇌에 대한 이야기로 돌아와서, 원인과 결과를 반대로 하여 외부로부터의 신호 $\boldsymbol{x}$가 주어져서 뇌가 그것을 처리하여 신호 $\boldsymbol{s}$가 되었다고 해 보자. $\boldsymbol{x} = A\boldsymbol{s}$라는 식은, 신호 $\boldsymbol{x}$를 뇌 안에서 표현한 것이 $\boldsymbol{s}$라는 활동 패턴이 된다고 생각한다. 선형의 경우, A의 계수를 만드는 벡터를 $\boldsymbol{a}_1, \boldsymbol{a}_2, \cdots, \boldsymbol{a}_n$이라고 하면, 이 식은 식5-3③과 같이 기저벡터 $\{\boldsymbol{a}_1, \boldsymbol{a}_2, \cdots, \boldsymbol{a}_n\}$를 사용하여 $\boldsymbol{x}$를 표현하고, 이때의 계수가 $\boldsymbol{s}$가 된다고 해석할 수 있다.

문제는 어떤 기저벡터를 사용하면 자연계에 있는 신호 $\boldsymbol{x}$

가 뇌 안에서 스파스한 신호 s로 표현될 것인가이다.

외부로부터의 다수의 신호 x를 제시하고, 표현 신호 s가 스파스한 상태가 되도록 하는 조건을 넣어서, 어떤 기저가 좋을 것인지 찾아볼 수 있다. 이는 독립성분분석이라고 하는 분야로부터 파생된 문제이다.

재미있는 점은, 이 조건을 바탕으로 입력에 자연 영상을 다수 제시했을 때, 뇌의 시각야에서 보이는 선분의 방향표현이나 대뇌에서 실제 관측되는 가버필터(Gabor Filter, 특정 주파수의 파장을 가우스분포를 이용하여 국소화시킨 것)에 의한 표현이 얻어졌다는 점이다. 이는 미국의 뇌과학자 올스하우젠(Olshausen)과 필드(Field)의 훌륭한 연구결과이다.

게다가 이는 자기조직화에 의해 얻어질 수 있다. 뇌는 스파스표현의 이점을 진화의 과정에서 획득하여 정착시켰는지도 모르겠다.

컬럼

논문의 채택 여부를 결정하는 것은 운이다?

연구자는 자신의 생각대로 연구를 수행한다. 좋은 결과가 나오면 이를 논문으로 정리하여 학술지에 투고한다.

저자가 젊었을 때에는 손으로 쓴 원고를 몇 번씩 퇴고하여, 기계식 타자기로 입력한 후, 항공편은 비싸기 때문에 배편으로 미국의 학회에 투고하고는 했다. 지금은 메일로 투고하고, 순식간에 상대방에게 도달하는 시대가 되었지만 말이다.

투고한 논문은 그 분야의 연구자인 심사위원에게 전달되어 그들이 내용을 심사한다. 심사위원들도 다양하여, 악의에 가득찬 심술궂은 사람이 있는가 하면, 친절하게 여러 가지 면에서 도움을 주는 사람도 있다. 지금은 연구자들이 심사위원과 논쟁하여 좋은 저널에 논문을 출판하기 위해 필사적이다. 저자는 운이 좋아서 대부분의 논문이 게재되었으나, 전부 게재된 것은 아니다. 이 과정에서 여러 가지 경험을 하였다.

1969년에 전기전자관계의 국제학회 IEEE의 저널에 투고했을 때의 일이다. 투고한 후 1년 이상 지나도 답신이 없었다. 1년 반 정도 지났을 때 망설이면서 편집자에게 편지를 써서, 어떻게 되고 있는지를 문의하였다. 물론 배편으로 보낸 편지였으므로, 편지가 도달하는데 1개월이 걸렸다. 편집자로부터는 "미안하지만 조금만 더 기다려주기 바란다"라는 답신이 왔다.

그런데, 고의인지 잘못인지 알 수 없지만, 편집자로부터 심사위원에게 보낸 편지의 복사본이 그 답신 안에 함께 들어가 있었다. 그것을 읽어보니, 심사위원은 저자의 논문을 대학원의 학생에게 전달하였고, 그 학생은 내용을 이해할 수 없어서 그냥 내버려 두었고, 그러다가 학교를 그만두고 말았다. 결국(손으로 쓴) 논문은 분실되어 심사위원의 손에 없다는 사정이 전해졌다. 편집자는 원고를 다시 보낼 터이니 곧바로 읽어달라고 재촉하고 있었다.

상대 심사위원은 MIT의 저명한 교수였다. 이러한 숨은 사정을 알고, 당시 젊은 연구자였던 저자는 놀라지 않을 수 없었다. 저자 자신은, 심사를 부탁받으면, 반드시 스스로 논문을 읽고 보고서를 작성하고 있다. 젊었을 때에는 잘못이나 부족한 부분을 엄하게 판정하였으나, 나이를 먹고 나서는 되도록 좋은 점을 발견하여 조언과 격려를 하도록 하고 있다.

그보다 조금 앞선 1966년에, 확률강하학습에 관한 논문을 IEEE에 투고하였다. 이때의 심사위원은 매우 친절하여, 저자의 부족한 영어를 정성스럽게 고쳐주었고, 수식도 점검해 주면서 "이것은 매우 우수한 논문이므로 채택되지 않을 리는 없다고 생각하나, 만약 문제가 있다면 내가 책임 편집자를 맡고 있는 응용수학 저널에 투고하기 바란다"고까지 말해 주었다. 그는 퍼셉트론의 이론적인 연구로 유명한 코넬 대학의 고 블록(Block) 교수였다.

시대가 변하여, 정보기하를 시작한 무렵의 일이었다. 통계학의 저널에 투고하였다. 통계학계에서는 무명의 신인이 쓴 논문을 심사위원과 편집자가 높게 평가해 주었다. 그 중에서도 심사위원 한 명은 "당신은 잘 알지 못하겠지만, 러시아에서도 같은 연구가 있다. 그러나 러시아어라서 스스로 영어로 번역하여 공부하였다"라고 하면서 그 연구에 대한 손으로 쓴 영어 번역을 보내주었다. 이렇게 친절한 사람도 있다니 하면서 감동하였다. 그는, 지금은 기계학습 분야에서 활약하고 있는 덴마크의 로리첸(Lauritzen) 교수였다.

물론 좋은 일만 있는 것은 아니었다. 그 이후에 정보기하의 쌍대성(duality) 체계를 완성한 나가오카 히로시(현재 일본 전기통신대학교 교수)와 함께 집필한 논문은, 우선 수학의 확률론 저널에 투고하였다. 꽤 시간이 지난 후에 편집자로부터 편지가 도착했다. 이 논문을 7명의 심사위원에게 보냈으나, 모두 진지하게 심사해 주지 않았다. 따라서 논문의 좋고 나쁨을 떠나서 다수의 독자에게는 흥미가 없을 것으로 생각되므로 투고를 철회해 주기 바란다는 내용이었다. 할 수 없이 철회하고, 다음으로 독일의 확률론과 통계 저널에 보냈다. 여기서는 어이없게도, "통계와 미분기하는 관계가 없음에도 이를 연결하고자 하고 있다. 이런 연구는 엉터리이다"라고 평가하였다. 서로 관계없어 보이는 분야가 연결될 때, 풍요로운 옥토가 나타난다는 것을 알지 못했으리라.

포기하고 마지막으로, IEEE의 정보이론 저널에 투고하였다. 논문을 완성하고 나서도 몇 년이 흐른 후였다. 이때에는 "이 내용은 벌써 널리 알려져 있다. 이제 와서 게재하려해도 의미가 없다"라는, 그럴싸하지만 그 저의가 의심되는 이유로 채택되지 못했다. 그러나 사실은, 이 논문은 저자의 논문 중에 가장 좋은 것으로, 안타까운 경험을 한 셈이다(지금은 이것을 주제로 국제회의가 종종 열리고 있고, 고맙게도 올해는 저자의 80세를 축하하는 회의를 체코에서 개최해 주었다고 한다). 이 논문은 결국 간행되지 못한 채, 그 내용은 국제회의 등에서 보고되어 세계적으로 유명해졌다.

학계의 풍조에 맞추어서 우수한 논문을 우수한 저널에 출판하는 것은 연구자로서의 지위를 확립하는 빠른 길이다. 그러나 전혀 새로운 분야를 개척하는 연구나, 착실하게 시간을 들여서 성숙한 연구를 완성시키는 부분에서는 적합하지 않다.

곧바로 도움이 되는 유행에 맞춘 결과를 논문으로 발표해야 하고, 이렇게 하지 않으면 살아 남지 못하는 나쁜 풍습이 현재의 학계를 지배하고 있으나, 이는 일본의 과학계에 치명적인 결과를 가져오지 않을까하고 염려된다. 대학의 연구자는 보다 앞을 바라보는 자유로운 문화인이기를 바란다. 이러한 자유를 제공하지 않고 없애버리는 것은 참으로 아까운 일이다. 하지만, 능력이 있고 역량이 있는 사람은 그 중에서도 끈질기게 살아남는다. 이것을 기대하는 바이다.

제6장

인공지능의 역사와 미래

인공지능의 붐은 과거에도 몇 차례 있었음에도 불구하고, 기술이 더욱 발전하면 인공지능이 인간을 뛰어넘는 "싱귤러리티"가 정말로 발생할지도 모른다는 떠들썩한 논쟁들이 오가고 있다. 그 역사를 되돌아보면서 미래를 생각해 보자

뇌 · 마음 · 인공지능

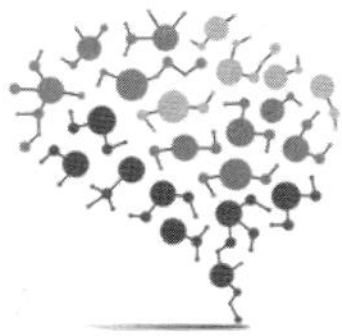

저자의 전문분야인 수리뇌과학에 대해 설명하면서 너무 심취하였다. 이제 이야기를 전환하여 뇌의 구조로부터 힌트를 얻어서 이를 기술로 실현한 인공지능에 관해 생각해 보기로 하자.

인공지능과 빅데이터가 합세하여 세상을 떠들썩하게 하고 있다. 이 기술이 제 4차 산업혁명을 불러일으키고 사회에 크나큰 변혁의 물결이 밀려오고 있다고들 한다. 인공지능의 역사를 개관하고, 이후 어떻게 발전해 갈 것인지 살펴보겠다.

인공지능의 탄생과 제1차 붐

1950년대, 컴퓨터가 실용화되어 그 위력이 알려져 감에 따라, 이것을 단순한 계산 장치로만 취급하기에는 아까우니, 보다 고도의 지적인 작업을 하게하자는 분위기가 높아졌다.

컴퓨터는 튜링이 고안한 만능 계산기계인 튜링머신으로, 논리를 다루는 것도 만능이다. 프로그램만 잘 작성하면 논리적인 추론 등의 지적인 과제를 자유롭게 해결할 수 있다.

미국의 다트마우스(Dartmouth) 대학에서 1956년에 개최된 인공지능 회의는 역사를 가르는 것이었다. 정보이론 분야의 샤논(Shannon)과 함께 "인공지능의 아버지"라고 불리는 민스키와 맥커시(McCarthy)의 초청에 의해 문과계의 학자이기도 한 사이먼(Simon, 후에 노벨 경제학상을 받음), 뉴웰(Newell) 등을 포함하는 당시의 젊은 연구자들이 모여 프로그램에 의해 지능을 실현하고자 하는 꿈을 높이 내걸었다.

당시 정보의 세계에서는 약진이 계속되고 있었다. 로젠블럿의 퍼셉트론이 주목을 받은 것은 그 조금 뒤였다. "오토마톤연구"라는 제목의 논문집도 주목을 받았다. 여기에는 폰노이만(Von Neumann)과 샤논 등의 거물들도 투고하여 여러 가지 새로운 지적 정보기술의 가능성이 논의되었다.

그 중에서 뇌의 모방과는 별개로, 기호를 사용하여 논리적인 추론을 수행함으로써 지능을 실현하는 전략을 사용하는 인공지능 연구가 기치를 올렸다. 사람의 인지 구조를 연구하는 인지과학자도 이에 동참하여 사람의 지능은 기호에 의한 정보의 표현에 논리적인 추론을 반복함으로써 실현된다는 입장을 취하였다. 그 이전의 행동주의 심리학과는 결별하는 것이 되나, 이는 그야말로 인공지능 연구 그 자체였다. 양자는 손을 잡고 1950년대 후반부터 1960년대에 걸쳐 제 1차 인공지능 붐을 불러일으켰다.

1960년대, 인공지능은 꿈과 희망으로 빛나고 있었다. 기호처리와 논리적 추론은 컴퓨터와 궁합이 잘 맞는다. 물론 지능이란 무엇인가, "이해한다"는 것은 어떤 것인가, 인간과 같은 일이 정말로 컴퓨터에서 가능할 것인가 등 철학 쪽에서도 참전하여 토론이 계속되었다. 그러나 기호와 논리를 표어로 하여, 같은 시기에 제안된 퍼셉트론 등의 뇌를 모방한 지능기계와는 구분하여 선을 긋는 것을 오히려 자랑스럽게 생각하고 큰 항해를 시작하였던 것이다.

"프레임 문제"를 어떻게 극복할 것인가

그러나 안타깝게도, 당시의 컴퓨터의 성능으로는 할 수 있는 것이 제한되어 있었다. 실용화 될 만한 성과는 좀처럼 이루지 못했다.

알기 쉬운 인공지능 연구는 체스와 같이 게임을 하는 프로그램이다. 이는 규칙이 명확하기 때문에 컴퓨터도 쉽게 할 수 있을 것이다. 체스나 체커를 실행하는 프로그램을 짜서 이것을 사람과 같은 정도, 아니 그 이상으로 잘 두게 하고 싶다는 것이 꿈이었다. 학습기능도 당연히 추가되었다.

그러나 체스에서 인공지능이 인간 챔피언을 이긴 것은 1997년의 일로, 시작한 이후 40년이라는 세월이 필요하였다. 컴퓨터의 성능 면에서 월등한 향상이 필요했던 것이다. 당시의 컴퓨터의 성능으로는 이는 바랄 수 있는 것이 아니었다.

그 외에도 더욱 야심차게, 문제가 주어지면 기계가 여러 가지 해결 방안을 생각하여 추론하는 일반적인 문제해결 프로그램, 수학의 정리를 증명하는 프로그램 등, 많은 구상이 제안되고 연구되었다. 그러나 좀처럼 성공적인 결과를 얻지 못하였다.

그 와중에 "프레임 문제"라는 고난도의 문제가 제기되었다. 지능을 실현하기 위해서는 모든 순서를 프로그램으로 지정할 수 있으면 좋을 것이다. 그러나 무엇을 하면 좋고 무엇을 하면 안 되는지를 지정할 때, 그 틀을 어디까지 넓혀서 생각하면 좋을지, 그것이 문제이다.

게임이라면 그 틀은 규칙으로 결정된다. 하지만 우리 인간들의 일상행동은 그렇게 간단히 해결되지 않는다. 예를 들어 부서지기 쉬운 상자를 이동할 경우를 생각해 보자. 목적은 이동하는 것이지만, 상자가 부서지기 쉬운 것이라면 인간들은 이를 조심스럽게 취급한다. 상자의 색깔이 붉은 색이라도 색깔은 무시하고 이동하지만, 붉은색 물건이 위험하다고 하면 이야기는 달라진다.

프로그램에서 순서를 지정할 때, 상자란 어떤 형태의 물체인가, 어떤 상자가 부서지기 쉬운가, "부서지기 쉽다"는 것은 어떤 의미인가, 색깔은 관계가 있는가, 위험한 색깔은 무엇인가 등이 문제가 된다.

이런 것을 하나하나 지정하지 않으면 안 된다고 하면, 무엇을 어디까지 프로그램 해야 좋을지, 이야기가 복잡해진다. 문제는 상자의 이동임에도, 상자가 놓여 있는 상황의 틀(프레임)을 어디로 설정해야 좋을 것인가. 상자의 재질, 색, 무게, 낡은 정도, 소유자 등 이런 것을 모두 써 넣으면 끝이 없다. 인간은 특별히 프레임을 설정하지 않아도 장시간에 걸쳐서 획득한 "상식"이라는 것으로 이 문제를 해결할 수 있다.

물론 인간도 프레임 문제를 해결하여 완전한 행동을 하는 것은 아니다. 다만 막대한 지식을 갖추고 있어서, 필요에 따라 그것을 꺼내어 활용한다. 불필요한 것은 무시한다. 따라서 사람도 상상외의 상황에 부딪혀 실패하기도 한다. 인공지능 만을 질책하는 것은 가혹하나, 막대한 지식으로 이루어진 상식을 인공지능에 심는 것은 어려운 일이었다.

이러한 상황에서 1960년대가 끝나고, 미국에서는 인공지능으로 연구되고 있던 기계번역에 대해서는 현재의 기술로는 불가능하다고 단정하는 보고서를 제출하였다. 그리고 인공지능 분야의 연구자금이 차례로 단절되는 사태에 이르러, 제 1차 인공지능 붐은 시들어 갔다. 공교롭게도 제 1차 뉴로붐이 시들어 간 것과 같은 시기였다.

도움이 되는 인공지능을 목표로 – 제2차 붐

그럭저럭 암흑시대가 흘러, 1970년대도 중반으로 접어들었다. 컴퓨터의 성능을 놀라울 만큼 향상되었다. 이즈음에 법률가나 의사 등의 전문가가 가지는 지식을 컴퓨터에 저장하여 이를 활용하여 전문가와 같은 지능을 만들고자 하는 시도가 활성화되었다. 이를 전문가시스템이라고 부르면서 "도움이 되는 인공지능"을 표방하였다.

예를 들어 1970년대 전반에 스탠포드 대학이 개발한 의료진단 시스템 MYCIN은 감영증의 진단을 수행하였다. 환자의 이력이나 증상 및 검사 결과를 바탕으로 어떤 감염증에 걸렸는지를 진단하고 적절한 항생제의 처방을 지시하였다.

그 성능은 감염증을 전문으로 하는 의사에는 미치지 못하지만 동네의 보통 의사들이 내리는 진단의 평균 수준보다는 좋았다. 하지만 전문가의 프라이드 문제로 이것이 바로 보급되어 사용되지는 못했다.

또한 법률 전문가시스템은 판례를 모두 기억하여 주어진 사건의 관련 판례를 찾는다. 이는 전문가에게 도움이 될 수 있다. 그 외 열차의 운행시간표에 큰 폭으로 변동이 생겼을 때, 이를 회복하기 위해 임시 시간표를 편성하는 것도 그 경로의 프로가 기능을 발휘하는 분야였다. 여기에도 컴퓨터가 큰 도움이 되었다.

이러한 사례들이 시초가 되어 컴퓨터가 특히 뛰어난 분야인, 대량의 기억을 활용하여 지식을 쌓은 전문가 시스템의 유효성이 인정되면서 인공지능 연구에 빛이 들기 시작하였다. 많은 분야에서 인공지능 연구가 부활하여 제2차 인공지능 붐이 찾아왔다. 1970년대 후반부터 1980년대 전반에 걸쳐서 일어난 일이다(일본에서는 미국보다 5년 정도 늦게 붐이 시작되었기에, 제2차 붐은 1980년대부터라고 설명하는 서적이 일본에는 많이 있다).

다만 기본이 되는 과제나 방법은 이미 제1차 붐 당시에 제안된 것의 정교화였다. 컴퓨터 성능의 향상에 따라 예전에는 불가능했던 것이 현실적으로 가능하게 된 면이 강하였다.

대량의 지식을 활용해야하는 필요에 따라 데이터베이스에 관한 논의도 활발해 졌다. 인공지능이 사회에 받아들여져 발전해가는 것처럼 보였으나, 이윽고 실증이 나고 1980년대 후반에는 붐이 끝났다. 인간의 지능을 능가하는 것은 여전히 만들지 못하고, 제스처만 요란했다는 비정한 판정을 받게 되었다.

이러한 결과에는 조금 늦게 시작된 제2차 뉴로 붐에도 책임이 있었다. 같은 붐을 맞이하면서 양자는 방법론적으로 너무 달랐다. 인공지능 측에서는 뉴로라는, 원리가 명확하지 않은 불확실한 방법으로는 심오한 논리적 추론이 가능할 리가 없다고 고집하였다. 한편 뉴로 측에서는 뇌의 구조로부터 배운 지능이야말로 진정한 지능이라고 주장하였다.

확실히 조금 늦게 출현한 뉴로 붐 쪽이 신기하면서도 매력적이어서 무언가 새로운 것을 기대하게 했다. 더욱 문제되는 것은 연구자금의 분배를 둘러싸고도 양자가 적대시하게 된 것이었다. 그래도 학회의 심포지엄 등에서 양자의 토론회가 다수 개최되어 논쟁은 즐거운 것이었다.

그 와중에 새로운 움직임도 나타났다. 대량의 정보를 컴퓨터상에서 표현하고 그 연결 구조를 밝히기 위해서는 정보 요소를 연결하는 네트워크를 만들면 된다는 생각이었다.

정보의 연결을 바탕으로 추론을 수행하기 위해서는 결과로부터 이를 발생시킨 원인을 확률 계산으로 찾아내는 베이즈 통계학이 사용된다. 이는 논리의 연쇄를 따라서 차례로 추론을 진행하는 것이 아니라, 인과관계를 확률로 표현하여 근본 원인이나 항목에 관해 확률 계산을 수행하고, 확률값이 높은 것을 선택한다. 이것이 "확률추론"이라고 하는 유연한 추론이다. 이는 뉴럴네트워크와의 궁합도 좋아서, 제 3차 인공지능 붐으로 연결되어 간다.

사람들을 놀라게 한 IBM 왓슨의 능력 – 제3차 붐

제 2차 붐에서는 인공지능도 뉴로도 과다한 기대에 부응하지 못하고 함께 침체기를 맞았다. 하지만 그 사이에도 기초적인 연구는 진전되어 갔다. 컴퓨터의 성능향상도 변함없이 경이로운 속도로 진행되었다.

하지만 그 이상으로 큰 기술적인 충격은 인터넷의 보급과 웹기술의 확립이었다. 웹을 통해 정보망이 전 세계로 연결되어 대량의 데이터가 이용 가능해 졌다.

IBM은 체스 전용의 컴퓨터인 "딥블루"를 개발하여 1997년에 인간 세계 챔피언에 승리하였다. 아직은 인간이 강하다고 여겨졌던 장기에서도 지금은 컴퓨터가 프로 인간보다 강하다. 바둑에서도 프로 영역에 달해, 보통의 아마츄어 6단 정도는 상대도 되지 않을 정도로 강해졌다. 인공지능이 차곡차곡 힘을 길러왔다.

IBM은 창립 100주년을 기념하는 사업으로 창립자 왓슨

(Watson)의 이름을 딴 "왓슨 프로젝트"를 시작하여 미국의 TV 퀴즈 프로에 도전하기로 하였다. "죠퍼디(Jeopardy)"라는 인기 프로그램이었다. 예를 들어 "동물을 사용하여 찾는 검은 색의 고가 식품"과 같은 문제가 나와, 참가자 중에서 가장 빨리 정답(이 문제의 경우, "송로버섯 : Truffle")을 말한 사람이 이긴다.

이 프로그램에서 2년 연속 챔피언이 된 현재의 퀴즈왕과, 그 2년 전의 원조 퀴즈왕 두 사람을 상대로, 2011년에 IBM 왓슨은 압도적인 승리를 얻고, 100만 달러의 상금을 획득하였다. 이 상금은 자선사업에 기부되었다(원래 IBM이 개발에 투자한 비용은 그 1000배인 10억 달러라고 알려져 있다).

세상이 대단히 놀란 것은 당연하다. IBM은 이 시스템을 사업에 활용하여 의료시스템, 금융시스템, 요리 레시피를 알려주는 시스템, 그 외 많은 시스템을 개발하여 인공지능을 활용한 비즈니스의 제 1선에 나섰다. 빅데이터를 활용한 새로운 인공지능이었다.

왓슨은 확률 추론을 수행한다. 사실관계에 관한 대량의 지식인 책이나 백과사전, 신문기사 등의 데이터를 인터넷을 사용하여 획득하고, 자신의 지식으로 쌓아간다. 데이터의 양은 책으로 말하면 100만 권, 2억 페이지 분량이다. 이때 단어, 개념, 그들의 결합이 대규모의 그래프로 표현되고, 관련된 확률이 그 연결강도로 표시된다.

확률을 결합 강도로 표현한 그래프가 만들어 지면, 퀴즈 문제로 주어진 키워드에 대해, 관계되는 답의 확률을 계산한다. 네트워크상에서 이 확률 계산을 반복하여, 확률이 어느 정도 올라가면 계산을 멈추고 답을 낸다.

이렇게 써 놓고 보면 간단한 것으로 보이나, 지식의 양도 그래프의 크기도 모두 막대한 규모이다. 게다가 그 큰 규모를 이용하면서도 빠르게 답이 나오는 것은 놀라운 일이다. 그렇다고 해도 이는 완전히 새로운 기술은 아니며, 종래로부터의 기술을 빅데이터와 결합하고 거기에 기계학습을 조합한 것이었다.

딥러닝의 등장

종래의 인공지능의 테두리를 뛰어 넘는 보다 획기적인 아이디어는 나오지 않는 것일까. 2000년경부터 퍼셉트론 형태의 뉴럴네트워크를 사용하여 뇌의 구조를 참고로 하는 시스템을 만드는 연구가 진행되고 있었다.

뇌는 계층적인 시스템으로, 입력 정보를 분석하여 순차적으로 고차의 개념을 추출하고, 상위 계층으로 전달해 간다. 3층 퍼셉트론은 계산 장치로서 만능이라고는 하지만, 입력정보의 차원을 올려서 식별하기 쉬운 형태로 변환할 뿐이다. 입력 패턴에 포함된 정보를 분석하여 그로부터 순차적, 계층적으로 정보를 추출하는 추상화를 발복하는 작업은 하지 않는다. 뇌를 모방하여 계층을 여러 단 쌓아 올린 깊은 계층을 가진 퍼셉트론으로부터는 얕은 구조의 퍼셉트론에는 없는 좋은 성능이 나타날 법하다. 이를 사용하는 것이 심층학습(딥러닝)이다.

층을 깊게 여러 층 겹친 퍼셉트론은 이전에도 물론 존재하였다. 일본의 뇌 모델의 선구적인 연구자인 후쿠시마 쿠니히코는 1979년에 "네오코그니트론"이라고 부르는 시스템을 제안하고, 손으로 쓴 문자인식에서 꽤 좋은 성능을 얻었다.

2000년대에 들어와서는 컴퓨터의 성능도 발전하고 수집 가능한 데이터의 양도 당시에 비해 비약적으로 증가하였다. 게다가 새로운 여러 가지 테크닉을 더하면 종래의 인공지능을 능가하는 것이 가능함에 틀림없다. 이러한 시도가 몇 가지 나타났다. 그 중에서도 그동안 품고 있던 큰 꿈을 실현한 자는, 제 2차 뉴로 붐의 주역 중 하나로 커넥셔니스트 그룹에서 활약한 캐나다의 힌튼(Hinton) 교수이다.

힌튼 그룹이 2006년에 세계에 발표한 논문에는 볼츠만 기계라는 확률적인 신경기계를 사용하여 자기조직화를 통해 추상개념을 자동적으로 추출하는 새로운 방법이 뚜렷하게 기술되어 있었다. 게다가 그 성능의 우수성이 주목을 받았다. 패턴 인식의 세계에서는 프로그램의 성능을 경쟁하는 시합이 열리고 있는데, 문자인식 부분에서 높은 평가를 얻어낸 것이다.

더 놀랄 만한 일이 일어났다. 영상인식의 경쟁시합에서는 자연화상을 다수 준비하여 그 안에 무엇이 포함되어 있는지, 그 물체의 카테고리를 식별하는 것을 주제로 한다. 개, 말, 사람, 책, 톱, 산 등, 후보를 다수 준비해 두고, 영상에 무엇이 포함되어 있는지를 답한다. 이것은 그리 간단한 문제가 아니다.

이를 위해 100만장 이상의 자연영상으로 이루어진 데이터베이스가 준비되어, 거기에는 각 영상에 포함된 물체(생물도 포함됨)의 이름이 정답으로 주어져 있다. 이를 바탕으로 각각의 프로그램이 개발되어 식별 결과의 정답률을 높이는 성과를 경쟁하였다.

정답을 맞추는 것은 사람에게도 어려워서, 당시까지의 프로그램에서는 바르게 인식 가능한 것은 75%정도에 멈추어, 20%정도의 확률로 잘못된 답을 내었다. 많은 노력을 하여 프로그램을 개량하여 인식률을 매년 1%정도 올리는 것이 한계였다.

거기에 갑자기 힌튼이 이끄는 캐나다 팀이 참여하여 우

승의 영예를 얻었다. 2012년의 일이었다. 그것도 당시까지의 인식률을 한꺼번에 10%나 올리는 좋은 성적이었다. 더욱 놀란 것은, 동시에 참가하여 높은 성적을 얻은 것은 모두 심층학습을 사용하는 뉴럴네트워크였다.

그 다음 2013년에는 얼굴인식 경쟁대회에 참전하였다. 여기에서는 동일인의 얼굴 영상을 여러장 제시하는데, 이들은 옆얼굴, 고개 숙인 얼굴, 화장한 얼굴 등이었다. 이들이 동일 인물인지 아닌지를 판정하는 얼굴 인증문제였다.

여기에서도 심층학습이 우승했는데, 그 성능이 사람보다도 뛰어나 높은 평가를 얻었다. 이러한 문제에서 컴퓨터가 사람의 능력을 뛰어 넘는 것은 흔치 않다. 심층학습은 영상 이외에도 음성인식, 텍스트인식, 그 외 많은 과제에 도전하여 발군의 성적을 올려, 인공지능 세계를 충격으로 몰아넣었다. 알파고가 사람들 중 제일인자를 이기고 화제를 불러온 것도 기억이 새롭다.

딥러닝의 구조와 원리

심층학습은 무엇이 새로운 것일까. 그 중 한 가지가 "자기조직화학습"이다. 퍼셉트론은 입력에 대한 답을 출력하는 시스템이므로 교사신호가 있는 교사학습을 수행한다. 그러나 교사신호에 의한 학습 이전에 자기조직화 학습을 먼저 수행해 두는 아이디어가 참신하였다.

영상의 학습에서는 지금은 1000만 장에 이르는 입력 영상을 준비한다. 자연 영상은 여러 가지 특징을 포함하고 있을 것이다. 이들을 신경회로가 가장 빠르게 추출하여 계층이 올라감에 따라 이들을 조합하면서 고차의 특징인 개념과 같은 것을 만들어 두면, 그 후의 교사학습이 용이해진다.

뇌의 경우에도 유아기부터의 자기조직화로 외부 세계의 특징을 파악하는 구조를 만들어 냈다. 물론 진화의 과정에서 획득한 유전정보도 회로망의 형성에 관여하고 있다.

자기조직화 학습의 기본은 헤브 학습이지만, 인공지능은 거기에 여러 가지 테크닉을 자유롭게 추가할 수 있다. 예를 들자면 상위 계층부터 하위 계층으로 피드백 결합을 더하는 것도 가능하다(뇌는 이런 구조를 가지고 있다). 이는 재귀결합 신경회로망에서도 가능하고, 확률적인 볼츠만 머신이어도 가능하다. 이렇게 계층을 올려가면 고차의 특징이 차례차례로 추출될 것으로 기대된다.

그러나 계층을 단순히 쌓아올리는 것만으로는 원래 상태의 정보를 그대로 위로 올리는 것뿐이라는 시시한 결과만 나올 것이다. 따라서 상위 층의 뉴런의 개수를 줄여서 적게

한다.

예를 들어 입력층에 10만 개의 뉴런이 있다면, 그 위의 중간층에서는 뉴런을 1만 개로 둔다. 그러면 여기에 표현하는 정보는 원래 그대로일 수는 없으므로, 불필요한 것을 찾아서 정보를 압축한다. 이 때 필요한 특징만이 추출되고, 개념화한 것이 나타나면 될 것이다. 여기서 다시 다음 층에서 뉴런의 수를 늘리거나 감소시킨다(그림6-1).

이렇게 하면 회로 안에서의 정보 표현이 층을 지남에 따라 고차의 개념을 나타내도록 변화될 것으로 기대할 수 있

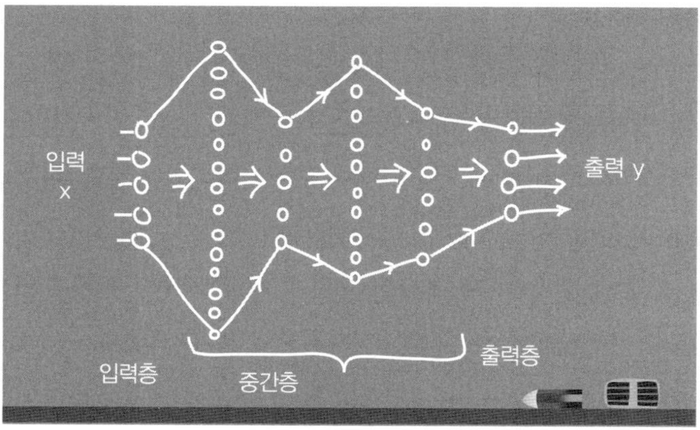

그림 6-1. 심층학습의 구조
복수개 존재하는 중간층의 뉴런의 수를 증가시키거나 감소시키는 것으로 인해 층을 거쳐 감에 따라 고차의 개념을 나타낼 수 있게 된다.

다. 지금까지는 교사학습으로 성능을 억지로 높였다면, 여기서는 입력 신호의 구조에 맞춘 정보 표현을 먼저 학습하는 방식을 취한다. 고차의 특징이나 그 조합을 자동적으로 추출한다고 해도 틀리지 않다. 그 후에 입력신호와 답을 일치시키는 교사 학습을 수행한다. 여기서는 오류역전파법을 사용한다. 정보표현이 잘 형성되어 있다면 학습도 빠르고 성능도 향상된다.

이외에도 여러 가지 테크닉이 고안되었다. 원래 신호에 고의로 노이즈를 추가하여 정보를 어지럽히는 것도 좋은 방법이다. 이를 통해 수집된 예제들에 만 특화된 학습을 하지 않도록 일반화 성능을 높이는데 도움이 된다.

더 재미있는 방법은 "탈락(드롭아웃)"이라고 불리는 테크닉으로, 교사학습의 도중에 반 정도의 뉴런을 탈락시키고 남은 뉴런만으로 학습한다. 이 때, 탈락시키는 뉴런은 랜덤하게 선택하고 다시 부활시키는 작업을 반복한다. 이렇게 하여 회로가 국소 최소해로 수렴하는 것을 방지한다.

영상이라면 컨볼루션이라는, 화면의 평행이동에 대해 변하지 않는 계산필터를 사용한 연산을 적용하기도 한다.

최근에는 더욱 다양한 시도가 행해지면서 전 세계가 과열되고 있다. 또 한편으로는 그다지 많은 테크닉을 사용하지 않아도 컴퓨터가 강력하다면 막강한 계산 파워로 교사학습을 수행하면 되며, 자기조직화는 반드시 필요한 것은 아니라는 주장도 있다. 신경회로는 만능성을 가지고 있으므로 힘으로 벽을 뚫고 나가면 된다는 것이다.

심층학습은 패턴인식 등의 정적인 문제에서 위력을 발휘하는 것 뿐 만이 아니다. 동영상의 처리, 시계열의 분석, 나아가 문장해석이나 기계번역 등, 시간과 함께 상태가 변화해 가는 동적인 문제에도 대응 가능하다.

여기에는 피드백 결합을 가지는 신경회로, 이른바 리커런트(재귀) 결합 뉴럴네트워크를 사용한다. 리커런트 네트워크는 뉴런의 수를 늘리면 다층 퍼셉트론과 마찬가지로 만능의 계산을 실현할 수 있는 장치로, 만능계산기인 튜링머신도 이것으로 가능하다.

리커런트 네트워크는 시간이 흘러감에 따라 흥분 패턴을 차계로 발전시켜서 계산을 수행한다. 이는 시간축에 따라 뉴럴네트워크의 계산을 차근차근 수행해 가는 것으로, 시간 축에 평행한 다층 신경계산, 즉 심층계산을 실현하고 있다고 볼 수도 있다.

언어의 생성, 기계번역 등, 시간요소를 포함하는 계산이 이 방식으로 가능하고, 또한 그 성능이 지금까지의 번역 프로그램을 능가하므로, 이는 놀랄만한 성과였다. 이 성과는 다량의 데이터를 학습하는 것으로 실현된다. 게다가 여기에서는 정보의 신경흥분에 의한 패턴 표현과 단어나 문장 등의 기호표현이 연결되어, 패턴 표현을 바탕으로 하여 그로부터 기호나 논리의 세계로 옮겨갈 수 있다.

초기의 인공지능은 신경흥분과 같은 분산패턴 표현을 배척하고 기호와 논리에 특화된 방법으로 고도의 지적인 기능을 실현할 수 있다고 하였다. 지금은 패턴표현이 이를 대신하려고 하고 있다.

패턴표현을 사용하여도 지적인 논리 기능이 실현가능하다. 확실히 인간은 이를 수행하고 있다. 그러나 인간은 이것을 기초로 새로운 기호와 논리를 만들어 내고, 의식 아래에서 이를 구사하는 고도의 지능을 발전시켰다. 제3차 인공지능과 뉴로 붐은 패턴과 기호의 대립을 지양하고 새로운 레벨의 기술을 만들어 낼 것으로 기대된다.

전 세계의 참여로 발전하는 기술 혁신

심층학습은 현재 매우 인기 높은 주제로, 많은 참여자들이 있다. 구글, 야후, 페이스북, 마이크로소프트, 중국의 바이두 등, 대기업이 수천억에 달하는 자금을 출자하여 연구소를 만들고 벤처 기업을 인수하여 열심히 연구하고 있다. 토요타도 자동운전기술을 겸한 인공지능 연구에 발을 들이고 미국에서 1000억엔 규모를 투자하여 연구소를 만든다고 한다.

일본에서도 경제산업성, 문부과학성, 총무성 등 연구를 주도하는 관청에서 큰 예산을 세우고 새로운 인공지능 연구기관을 만드는 계획을 진행하고 있다.

그렇다고 해도 재정난 때문에 구글이나 토요타 등의 민간 연구기관의 예산과 비교하면 그 규모는 매우 작다. 하지만 이는 또 이대로 좋다고 생각한다. 개인적인 생각으로는 지금부터 인공지능 연구를 추진한다면, 곧바로 도움이 되는 연구는 민간 주도에 맡기고, 학계가 민간과 긴밀히 연계하여 이를 응원하는 구조를 만들면 될 것이다. 일본의 학계가 지금부터 세계의 유행을 쫓아서 같은 토양에서 구글 등과 싸운다면 이길 리 만무하다. 예산도 규모도 몇십 배 다르기 때문이다.

그럴 것이 아니라, 일본 독자적 구상으로 학문적으로 뛰어난 인공지능을 구축하는 길을 탐색해야 할 것이다. 심층학습이라고 해도, 그 기초가 되는 확률강화학습법이나 컨볼루션을 포함한 심층네트워크는 모두 일본에서 처음 고안된 것이었다. 다만 그것이 기술로서 일본에서 열매 맺지 못한 것은 반성해야 할 것이다. 이제부터는 수리과학과 뇌과학을 기반으로 하여 눈앞의 성과에 일희일비 하지 않고 학술적인 가치가 높은 인공지능을 만들어내는 것이 중요하다. 지금까지의 연구를 보면, 일본은 그 기반을 갖추고 있다.

해외의 예를 들면, IBM도 뉴로 계산에 본격적으로 참여하기 시작했다. 미국에서는 국방성의 DARPA가 "SyNAPSE"라고 불리는 프로그램을 주도하여 신경회로를 칩으로 만드는 프로그램을 추진하였다. 이것을 받아서 IBM은 "TrueNorth"라고 이름 붙인 뉴로칩의 개발에 성공하였다.

이는 100만 개의 뉴런과 2억 5600만 개의 시냅스결합을 포함하는 칩으로, 그 소비전력은 겨우 70mW라고 한다. 이를 연결한 시스템은 4800만 뉴런, 120억 시냅스로, 생쥐의 뇌에 필적한다고 한다. 단순히 계산하면 이것은 단지 몇 와트로 움직이는 셈이다. 인간의 뇌의 소비전력은 20W라고 하니, 인간과 같은 수준의 결합을 하면 이에는 미치지 못하더라도 전혀 엉터리는 아닌 셈이다.

컴퓨터의 세계에서도 기술혁신이 진행되고 있다. 고베에 있는 "경(Kyo)" 컴퓨터는, 한때 세계 1위의 기술력을 보였으나, 지금은 중국과 미국에 뒤쳐져 있다. 그 소비전력은 12MW로, 가정에서 사용하는 2만세대분의 전력에 해당된다. 그 다음의 "포스트 경(Kyo)"으로 현재의 100배 속도를 자랑하는 컴퓨터를 계획하고 있으나, 소비전력이 문제가 되고 있다. 이 면에서도 뉴로 기술이 기대되는 시대가 되었다.

"고양이세포"와 "제니퍼 애니스톤 세포"

심층학습은 현재 놀라운 성과를 올리고 있고, 패턴인식에서 최초로 인간을 능가하는 성적도 보였다. 그러나 심층학습이 왜 잘 작동하는지, 그 수리적인 구조는 밝혀져 있지 않고, 고차의 특징이 추출됨에 틀림없다는 개념적인 설명에 그치고 있다.

다층회로망이 자기조직화로 무엇을 추출하는 것인지, 이를 밝혀낼 필요가 있다. 이 때, 외부로부터 입력되는 신호의 분포(확률분포)를 조사하여 무엇이 고차원의 특징인지, 이를 계층을 올림에 따라 어떻게 변해 가는지, 나아가 층 내의 결합

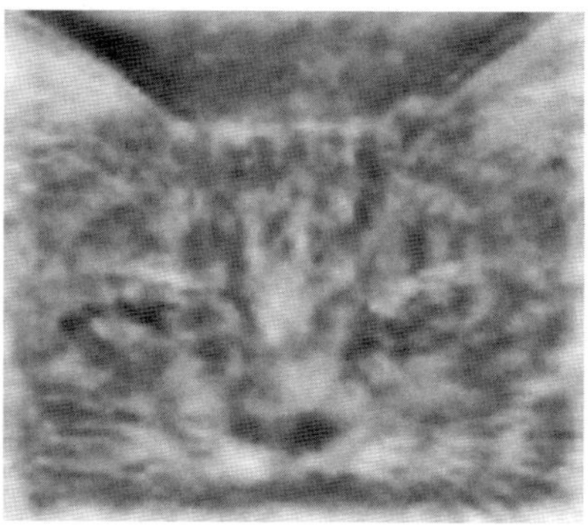

■ **그림 6-2.** Google이 발표한 고양이를 닮은 뉴런
(Google official blog로 부터 발췌)

이나 피드백 결합 등, 무엇이 어떻게 도움이 되는지를 밝혀 내지 않으면 안된다. 여기서부터가 수리뇌과학이 등장할 차례로, 우리들에게 남겨진 앞으로의 과제이다.

구글은 2012년에 "고양이 세포"가 자기조직화로 형성된다고 하는 유명한 논문을 발표하였다. 1000만장의 자연영상을 입력정보로 사용하여 시냅스의 수가 100억개에 달하는 거대한 회로망에서 자기조직화 학습을 수행한 결과, 상층에서 고양이 상을 꼭 닮은 수용야를 가지는 뉴런이 나타났다고 한다(그림6-2). 고양이라는 개념을 가르치지 않아도, 인공지능이 입력된 영상정보로부터 고양이를 인식할 수 있게 된다는 것이었다.

이 뉴스는 학계 뿐 아니라 세상에서도 크게 보도되었다. 그 외에도 사람 뉴런 등도 나타났다고 한다. 그러나 저자는 이 설명으로는 납득이 되지 않는다.

영상에 포함된 고차의 특징은 고양이 등의 구체적인 형태가 되어서는 흥미롭지 않다. 고양이에는 속성이 많이 있다. 이를 표현하는 뉴런이 군데군데 생겨서, 그 조합으로서 고양이가 나타난다면 납득이 간다.

예전에 뇌 안에서의 정보 표현이 화제가 되어, 특정한 여성을 표현하는 "아가씨 세포"가 있어서 그 아가씨를 보면 이 세포가 흥분한다는 가설이 있었다. 그러나 지금은 뇌 안에서는 정보가 분산된 표현을 하고 있어 아가씨 세포는 필요 없다고 여겨진다. 아가씨를 인식하여 말로 나타낼 때에는 대뇌의 여러 영역 안에서 아가씨를 구성하는 특징이 분산되어 표현된 형태로 통합되고, 이것이 운동계를 구동하여 아가씨라는 발음을 하는 근육을 움직이게 되는 것이다.

구글의 거대한 회로망에서는 엄청난 수의 뉴런이 사용되므로, 우연히 고양이와 같은 세포가 생겨났을지도 모른다. 하지만 마찬가지로 개, 말, 비행기, 산 등의 개개의 사물에 대응하는 뉴런이 모두 생겨난 것은 아니다. 이 가설은 매우 흥미로워서 심층학습의 위력을 이야기하기에 좋은 화제이기는 하였으나, 사실상 고차의 개념 형성을 설명하는 것은 아니라고 보아야 겠다.

2005년에 캘리포니아 공과대학 등의 그룹이 특정한 여배우 제니퍼 애니스톤에 흥분하는 뉴런인 “제니퍼 애니스톤 세포”를 사람의 대외피질에서 발견하였다고 하여 화제가 되었다. 이 뉴런은 여배우 제니퍼 애니스톤의 얼굴에 대해 흥분하는 것 뿐 아니라, 본인의 이름을 듣거나 이름을 쓴 문자를 보는 것만으로도 흥분한다고 한다.

이는 연상기억의 메커니즘이 동작하고 있는 것을 의미하여 고차의 개념이 여기에 집약되어 있는 것처럼 보인다. 하지만 다수의 영상으로부터 고양이의 구체적인 상을 추출하는 것과는 많이 다르다.

정통파 인공지능은 지금까지 뇌에 관한 것에는 그다지 신경을 쓰지 않았다. 지금은 실제의 뇌의 구조도 고려하여 인공지능을 연구하는 길이 크게 열렸다. 물론 뇌 그 자체를 모방할 필요는 없고, 또 반드시 좋은 방안도 아니다.

다만 뇌로부터는 배울 만한 것이 얼마든지 있다. 뇌는 오랜 세월의 진화의 결과로서 최적화된 구조를 가지고 있기 때문이다. 예를 들어 인공지능은 아직 뇌의 다이나믹스 구조를 충분히 이용하지 못하고 있다. 또한 뇌의 기억방식을 공부하는 것도 지금부터의 큰 과제이다.

현 시대에 이르러 뉴로 붐과 인공지능 붐은 서로 손을 잡았다. 신호처리와 패턴 다이나믹스의 결합이라고 해도 좋다. 이제는 뇌를 공부하는 체제도 잘 갖추어지고 있다. 양자가 그 목표의 차이를 인식하면서 협력하는 분위기가 높아지고 있다. 뇌과학도 함께하여 큰 물결이 일어나고 있다. 그 연결고리 역할을 수리뇌과학이 해 주기를 바란다.

컬럼

바둑, 장기, 그리고 인공지능

1997년에 IBM이 체스에서 인간 세계 챔피언을 누른 이래, 이어서 훨씬 더 복잡한 일본의 장기가 목표가 되었다. 21세기에 들어와 한동안 개발이 진행되어 지금은 장기도 컴퓨터가 프로 기사를 능가하게 되었다.

2015년에는 사전에 컴퓨터 측이 소프트웨어를 프로 쪽에 전달하여 인간이 컴퓨터가 두는 수를 자유롭게 연구할 수 있도록 하는 여유를 보였다. 여기에서 프로 기사에게 대책이 떠올랐다. 적진에 돌입한 각(角)이 되지 않도록 하는 전대미문의 수였다.

각은 이루게되면 손해는 없고 이득만 있으므로, "각을 이루지 않는다"는 수는 상식적으로는 있을 수 없다. 하지만 규칙 위반은 아니다. 컴퓨터는 이 "있을 수 없는 수"에 혼란을 일으켰다.

이러한 상황은 시스템에 들어있지 않았기 때문에, 대처할 수 없었다. 프레임 문제에 해당된다. 이로서 프로기사가 승리하고 컴퓨터는 덧없이 패했다. 여기서 칭찬해야 할 것은 이러한 기묘한 책략을 생각해 낸 인간의 자유로운 발상일 것이다.

다음으로는 가장 복잡하고 지혜를 요하는 게임으로 알려진 바둑이다. 바둑도 컴퓨터가 급속히 힘을 길러와, 완력으로 해결하는 몬테카를로 트리 탐색 등을 사용하게 되었다. 이는 해당 국면, 혹은 수를 평가함에 있어서 흑백 모두 랜덤하게 선택된 수를 둔다. 이것을 수백회 이상 해 본 후, 승률로 평가를 결정하는, 그야말로 계산량으로 승부하는 방법이다. 컴퓨터가 아니면 할 수 없을 것이다. 이 방법으로 아마츄어 6단에 상당하는 레벨에 이르렀다고 평가되었다. 여러 컴퓨터를 연결한 풀 장착의 기계는 프로에 대해서 4점을 두는 핸디캡을 가지고 이길 수 있게 되었다. 바둑이 취미인 저자로 말하자면, 풀 장착의 기계에는 이길 수 없으나, 단체 PC정도는 이길 수 있다. 프로를 이기기까지는 앞으로 10년은 걸리지 않을까.

— 이 책에서 원고에 이렇게 기술한 것은 2015년 말의 일이었다. 그런데 해가 바뀌어 2016년 봄에 대단한 뉴스를 들었다.

구글의 그룹이 강화학습과 심층학습을 결합하여 2000만 번의 프로 대국 기보를 학습하고, 거기에 자기연마를 계속한 "알파고"를 개발하여 프로기사를 이겼다는 뉴스였다. 대전한 상대는 중국 출신의 유럽 챔피언이었다. 5전 전승이었다. 저자 정도는 상대도 되지 않는다.

그 기보를 보니, 실로 자연스러운 수를 두고, 사람이 두는 것과 다름없는 지혜를 가지고 있었다. 사뿐사뿐 가벼운 수, 날카로운 수 모두를 둘 수 있었다.

더 나아가, 세계 1위인 한국의 프로 기사 이세돌에 10억원의 상금을 걸고 도전하였다. 인간이 유리할 것이라는 추측을 누르고, 제 1전은 구글의 알파고가 승리하였다. 최종결과는 컴퓨터의 4승 1패로, 이제는 인간보다 강하다고 할 수 있겠다.

정말 대단한 일이 아닐 수 없다.

2045년 문제 – 인공지능은 인간을 뛰어넘을 것인가

컴퓨터의 능력은 무시무시하다. 가까운 미래에 인공지능이 사람의 지능을 뛰어 넘어 과학연구나 기술개발도 인공지능이 수행하게 될 것이라는 예측이 있다.

생각해 보면 증기기관, 자동차, 계산능력, 기억 등, 기계는 차례차례로 사람의 능력을 넘어서 독자의 기술을 성숙시켰고, 사람은 이를 활용하는 사회를 만들어 왔다. 상황인식, 추론, 문제해결법의 발견 등, 지금까지 사람이 아니면 안된다고 여겨진 지적인 영역에 인공지능이 진출하는 날은 가까이 왔다.

그러면, 인공지능은 정말로 사람의 지적 능력을 뛰어 넘을 것일까. 개개의 지적 요소를 따로 떼어 내 그 능력을 비교하면, 확실히 사람을 능가해도 이상할 것 없다. 하지만, 마음을 가지고 의식을 가진 사람과 같이 행동 할 것인가는 의문이다. 이는 다음 장에서 "마음"에 대해 생각하면서 논해 보겠다.

인공지능의 발전에 의해 사회에 큰 변혁이 일어날 것이라고 한다. 이를 제 4차 산업혁명이라고 부른다. 많은 직업이 컴퓨터로 대치되고, 산업구조가 변하고, 실업자가 속출할 것이라는 경고가 나오고 있다. 게다가 인공지능이 스스로 새로운 기술 개발을 하여 산업화를 행하면, 이후에는 가속도가 붙어서 기술이 폭발적으로 발전하여 사람은 필요 없어진다고도 한다. 이 시기가 2045년이라는 예측으로부터 이를 "기술적 특이점(singularity)"이라고 부른다는 것은 앞에서 기술하였다.

이는 정말 현실이 되는 것일까.

저자는 이 시나리오를 믿지 않는다. 긴 시간의 진화의 결과로 태어난 인간은 정말로 강인하고 지혜롭다. 기계가 진보하면 그와 협조하여 그것을 사용하는 방법을 항상 발견해 왔다. 이것이 우리들의 문명이며, 사회이다. 기계가 현명해지면, 인간도 그에 적응하여 현명해 진다. 도중에 여러 가지 난관이 있어도 인간은 인공지능을 자신의 파트너로 활용하고 새로운 문명을 발전시켜 갈 것이다.

그러나 낙관은 허용되지 않는다. 사람은 현명함과 동시에 어리석기도 하여, 눈앞의 이익에 사로잡혀 버린다. 아집도 많다. 현재의 문명은 금전에의 욕망이 사람을 지배하고 있는 듯하다. 때문에 빈부 격차가 끝도 없이 확대된다. 이 상황에 대처함에 있어서 편협한 내셔널리즘과 국가 간의 이해대립을 부채질 하는 것으로 모순으로부터 눈을 돌리려는 움직임이 눈에 띈다. 일본이 세계에 자랑하는 "비전쟁의 맹세"를 버리는 "전쟁법안"이 그 와중에 성립되었다. 우리들은 이러한 문명밖에 가지지 못하는 것일까. 이쪽이 훨씬 더 위험해 보인다.

사람이 금전에 지배되고, 동시에 인터넷을 통하여 정보에 지배되는 것이 저자는 두렵다. 인공지능이 이를 위한 유력한 수단이 되는 것도 있을 법하다. 문명붕괴의 위기에 관해서는 낙관은 전혀 허용될 수 없다. 이는 기술의 문제가 아니라 문명 자체의 문제이다. 개개의 인간이 자유롭게 빛나는 것이 가능한 사회를 실현할 수 있기 바란다. 이를 위한 노력이야말로 인간을 빛나게 한다.

좀 더 단순한 이야기로 인공뇌와 인간개조를 생각할 수 있다. 우리들은 동력기계나 전송기계에 의한 기술을 발전시킨 것 뿐 아니라, 자기 자신의 개량도 수행해 왔다. 예를 들면 의복을 입는 것도 그 중 하나이고, 안경은 매우 편리한 장치라고 할 수 있겠다. 인공 내이는 소리 신호를 청작신경에 직접 입력할 수 있다. 의족, 의수, 파워수트도 당연한 것처럼 사용되고 있고, 인공 망막도 계획되고 있다.

그렇다면 외부기억장치를 뇌에 직접 연결하여 사용하는 건 어떨까. 다시 말하면 컴퓨터의 메모리를 늘리는 것처럼 뇌의 기억 용량을 늘리는 것이다.

저자는 사람의 이름을 잘 외우지 못한다. 국제회의에서 외국인이 인사하면서 몇 년 전에 만났었다고 말을 걸어오면 매우 당황스럽다. 한자나 영어단어, 바둑의 포석 등이 외부 장치에 들어 있어서 뇌가 이것을 활용할 수 있다면 편리해 질까.

만약 그런 장치가 만들어져 나의 경험이 모두 저장되어 있다고 해도, 저자는 이를 잘 사용할 수 없을 것 같다. 자신의 마음이 이해하고 잘 다루면서 만족하는 정도의 장치라면 족하다고 생각하는 것은 저자가 나이를 먹은 탓일지도 모르겠다.

제7장

마음을 들여다보자

지금까지 살펴본 바와 같이 뇌의 구조와 원리는 차츰 밝혀지고 있다. 하지만 뇌과학의 최종적인 목표는 "마음"에 대해 알게 되는 것이다. 이 목표가 이루어진다면, 마음을 가진 인공지능이 탄생하는 날도 오게 될 것인가?

뇌 · 마음 · 인공지능

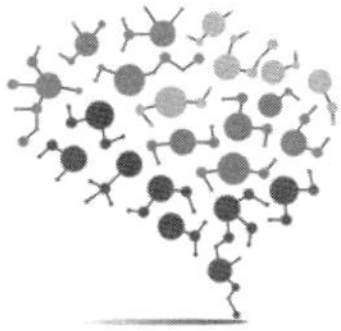

사람의 뇌는 마음을 만들어냈다. 마음을 품고 있는 뇌의 구조는 아직 밝혀지지 않고 있지만 인공지능은 뇌에 가까워지고 있다. 인공지능은 마음을 품을 수 있을까. 마음이라는 것은 도대체 어떤 것일까.

이 책의 마지막 장에서는 "마음"으로 되돌아가서 사람에 대해 생각해 보겠다.

마음의 이론 – 몇 살에 "마음"이 생길까?

우리들은 마음이 명령하는 대로 행동한다. 마음이 사람의 행동을 지시하는 것이다. 우리는, 다른 사람도 마음을 가지고 있고 마음에 따라 행동하는 것을 알고 있다. 이러한 이해를 바탕으로 사회가 성립되고 있다. 마음은 사회가 성립되기 위해 필요한 요소인 것이다.

마음은 물론 뇌가 만들어 내는 기능이다. 인간 사회는

■ **그림7-1.** 마음의 이론
언니는 어떤 옷장 문을 열까? - 유아는 언니의 입장에서 생각할 수 있을까?

고도로 조직화된 꿀벌이나 개미와 같은 곤충사회와는 다르다. 마음이라는 것이 다르기 때문이다.

사람이 탄생하면, 언제쯤에 “마음”이 생겨나는 것일까. 이것을 알아보기 위한 “마음이론”이라는 것이 있다. 이름은 거창하지만 논지는 간단하다. 알고 있는 사람도 많겠지만 이를 간단히 설명해 두겠다(그림 7-1).

유아기의 아이가 방에서 놀고 있다. 거기에 언니가 들어와서 자신의 인형을 왼쪽 옷장에 넣고 방을 나갔다. 그 후에 엄마가 들어와서 왼쪽 옷장에 있는 인형을 오른쪽 옷장으로 옮겨 놓았다. 아이는 이것을 지켜보고 있었다.

엄마가 방을 나간 후, 언니가 돌아와 인형놀이를 계속하려고 한다. 이 때 언니는 오른쪽 옷장(인형이 들어 있는 곳)을 열까? 아니면 왼쪽 옷장(처음에 언니가 인형을 넣어둔 곳)을 열까?

아이가 이 질문을 받았을 때, 언니의 입장에서 생각할 수 있다면, 언니가 인형을 넣어둔 왼쪽 옷장을 연다고 대답할 것이다. 하지만 실제로 인형은 오른쪽 옷장에 있고 아이는 그것을 알고 있기 때문에 오른쪽을 연다고 대답할지도 모른다. 언니의 입장에서 그 마음의 움직임을 예측할 수 있을 것인지, 아니면 단순한 사실(인형이 오른쪽에 있음)에 따라서 행동을 예측할 것인지, 이것이 타인의 마음을 이해할 수 있는지를 알아보는 문제가 된다.

실험에 따르면 3세의 아이에게는 이것이 어렵고, 4세경이 되면 타인의 마음을 알아서 상대의 입장에 서서 상황을 이해할 수 있게 된다고 한다. 인간 사회는 상대도 자신도 같은 마음을 가지고, 또한 상대도 내가 마음을 가지고 있음을 알고 있다는 것에 대한 이해를 바탕으로 성립한다. 따라서 사람의 마음의 움직임을 읽을 수 있는 것이다.

3개의 게임으로 자신의 마음을 테스트해 보자

마음이라고 해도, 이를 뇌가 만들어 내는 것은 간단하지는 않다. 마음은 뇌 안에서 "갈등"을 거쳐서 정해진다. 신경흥분의 다이나믹스가 작동하여 뇌 안에서 많은 부위가 패권을 다투고, 그 결과로 자신의 마음이 결정된다. 이 과정의 많은 부분이 무의식으로 진행되므로, 의식되지 않는 경우가 많다. 마음의 갈등의 전형적 사례를 3개의 게임으로 나타내보겠다.

1) 죄수의 딜레마 (그림 7-2)

두 범인이 공동으로 범죄를 저지른 것으로 체포되었다. 양자 모두 죄를 부인하고 있고 유력한 증거는 부족하다. 이대로는 둘 다 가벼운 형으로 끝나버릴 것이다.

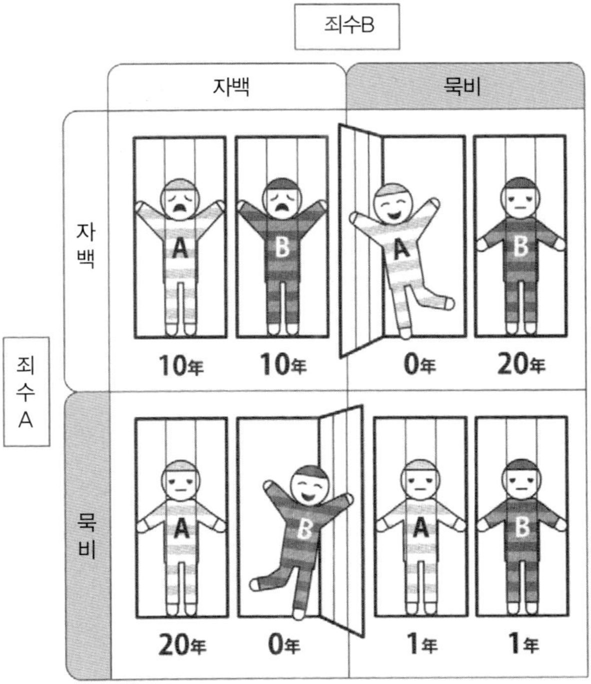

■ **그림 7-2.** 죄수의 딜레마
당신이라면 자백한다? 하지 않는다?

그 형기를 1년이라고 하자. 여기서 경찰은 사법협상을 시작했다. 각 범인에게, "두 사람이 공모하여 죄를 저질렀다"고 인정하면 곧바로 석방해 주고, 침묵하고 있는 다른 범인은 반성의 여지가 없으니 징역 20년을 선고하겠다고 말하면서 자수를 유도하였다.

또한 두 범인이 모두 "둘이서 공모하여 범행을 저질렀다"고 자백한 경우에는 사법협상은 성립되지 않고 형기는 둘 다 10년이라고 한다.

이러한 협상을 제안 받으면 당신이라면 어떻게 할까. 침묵을 지킬 것인가, 하지만 상대가 사법협상에 응하게 되면 자신은 20년 형을 받게 된다. 차라리 배반해 버리면 크게 이득일지도 모르겠다. 하지만 상대도 같은 생각으로 협상에 응하여 자수했을 때는 둘 다 손해를 보게 된다. 상대가 어떻게 나오는지에 달려있다.

상대의 마음의 움직임과 자신의 마음의 움직임이 연결되어 있다. 이러한 상황에 대해서는 오래전부터 많은 연구가 있어왔고 실험도 많이 행해졌지만 아직도 논쟁이 끊이지 않고 있다.

2) 궁극의 게임 (그림 7-3)

두 사람 A, B가 있다고 하자. 이 두 사람에게 합해서 100만원을 주겠다는 사람이 나타나 그 배분을 A에게 맡긴다고 한다.

A는 5:5로 50만원씩 나누어도 좋고, 자신에게 맡겨진 것이니 자기가 80만원, B는 20만원을 주는 것도 가능하다. 하지만 배분을 A에게 맡기는 대신 조건이 있다. 배분은 한 번 정해지면 변경할 수 없고, B는 A의 제안을 받고 "YES(제안을 받아들임)"인지 "NO(제안을 거부함)"인지를 정해서 대답한다. YES라면 A의 제안대로 돈이 배분되지만, NO라면 100만원

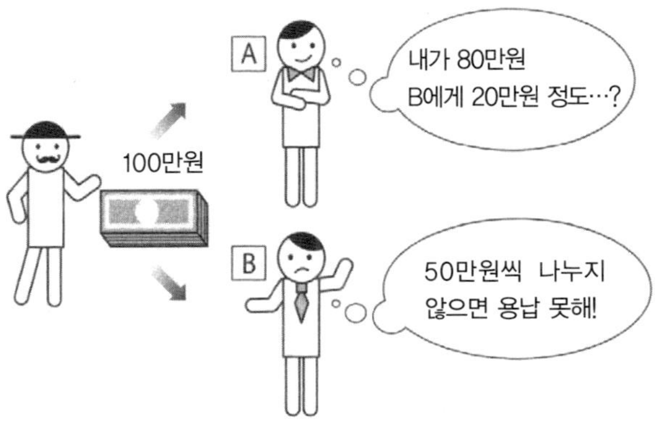

■ **그림 7-3.** 궁극의 게임
100만원을 얼마씩 배분할까?

을 주겠다는 이 얘기는 없던 것으로 되어 둘 다 돈을 받을 수 없다.

당신이 A라면 어떻게 할까? 5:5는 너무 양심적이고, 그렇다고 자신이 80만원을 가지면 상대가 화가 나서 거절할 것이다. 어느 정도가 적당할까. 6:4 정도면 어떨까, 등등 머리를 굴릴지도 모르겠다.

한편, 만약 내가 B라면 어떻게 할까. 상대가 8:2라고 말하면, 이건 너무 심하게 불공평하여 납득할 수 없다. 설사 내가 20만원을 받지 못하더라도 거절하겠다. 상대도 못 받을테니. 하지만 7:3을 제안해 오면, 이 정도는 적당히 타협하여 30만원이라도 받는 것이 좋지 않을까, 등등의 생각이 떠오를 것이다.

머리 속에 순간적으로 떠오르는 것은 이러한 상황이다. 여기서 결단을 내리지 않으면 안된다. 뇌 안에서 여러 가지 생각이 뒤엉킬 것이다. 뇌는 단순한 돌덩어리가 아니다. 뇌 안에서 신경흥분의 다이나믹스가 활성화되어 어느 쪽이 좋을지 결론을 찾는다.

이것은 컴퓨터와 같이 미리 정해둔 프로그램에서 결정된 순서대로 진행되는 것이 아니다. 그 날의 기분, 주위 사람의 반응, 지금 자신의 주머니사정, 그 외 여러 가지로부터 영향을 받으면서 진행된다.

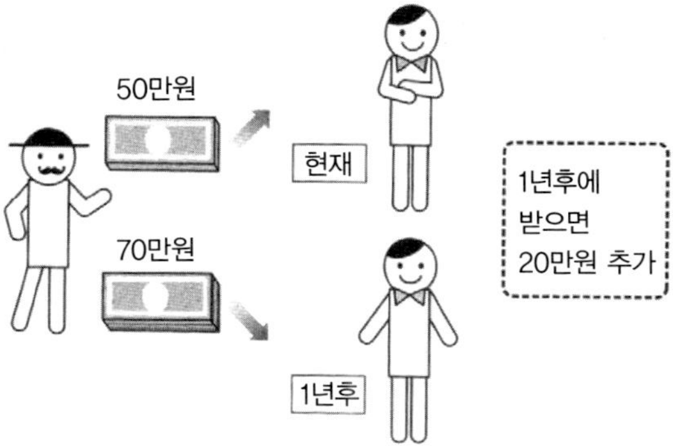

■ **그림 7-4.** 할인 게임
지금 받을까, 1년 후에 받을까.

3) 할인 게임 (그림 7-4)

지금 당신에게 50만원을 주겠다는 사람이 나타났다고 하자. 1년 기다리면 금액을 70만원으로 올려준다고 한다. 당신은 지금 당장 50만원을 받을까 아니면 1년 기다려서 70만원을 받을까?

미래의 일은 알 수 없다. 1년 지나면 상대의 기분이 변해서 못 받을 수도 있을 것이다. 그러니 지금의 50만원과 1년 뒤의 70만원의 가치를 비교하게 된다. 1년 후에 100만원을 받게 된다면 기다릴 사람이 많을지도 모른다. 하지만 1년 후에 받는 금액이 52만원이라면, 지금 50만원을 받겠다는 사람이 많지 않을까.

이것은 1년 후에 대한 구두로 약속된 70만원이 지금과 비교하여 어느 정도의 가치가 있을지를 견주어 보는 것이다. 장래에 받을 수 있을지도 모르는 70만원은 지금의 가치와 비교하면 장래의 불확실성을 고려하여 할인해서 생각할 필요가 있다. 장래의 70만원이 현재의 60만원에 상당한다고 생각하면 할인율을 1/7이 된다.

뇌 안에서는 자신의 현재 상황에 입각하여, 현재와 미래를 비교하여 할인율을 정한다. 개미와 베짱이에서처럼, 장래를 위해 열심히 저축할 것인가, 현재를 즐길 것인가, 이것이 할인율의 문제로, 할인율이 높으면 미래는 어떻게 되어도 좋으니 현재를 즐기자는 것이 된다.

할인율은 어느 정도일까, 각각의 조건에 대응하여 실험적으로 조사해 보는 것이 가능하다. 어느 조사에 의하면 실험 전의 잡담에서 해변의 미녀가 수영복을 입고 있는 사진을 보여주면서 잡담을 한 후에 할인율을 측정하면, 젊은 남성의 경우는 할인율이 커져서 현재를 즐기는 가치가 높아졌다고 한다. 여성의 경우에는 전혀 효과가 없었다고 한다. 이러한 보고서가 있다고는 하나 사실 여부는 확실치 않다.

갈등하는 마음

뇌 안에서는 여러 가지 부위가 다양한 기능을 분담하고 있다. 현재를 즐기자는 주장을 지지하는 부위와, 보다 냉정하게 미래의 설계를 하자고 주장하는 부위가 있을지도 모른다.

죄인의 딜레마에서도 궁극의 게임에서도, 뇌의 많은 부분이 관계하여 그 사이에서 정보교환과 경합이 일어나고 뉴런 집단 간의 흥분의 다이나믹스가 시작된다.

그 결과, 어디가 우세해 지느냐에 따라 최종적인 판단이 내려지고, 마음이 결정된다. 이 과정에 의식적인 사고가 개입되는 것도 있고, 무의식 상태 그대로 결론이 나와 이것이 나중에 의식으로 나타나는 것도 있을 것이다.

지금은 인간 뇌의 활동을 fMRI라는 장치로 측정 가능하다. 어떤 때에 어느 장소가 흥분하는지를 알 수 있어서 도덕적인 판단을 내리는 장소, 기쁨을 느끼는 장소 등, 뇌의 기능 분화의 형태가 밝혀지고 있다.

fMRI는 시간 해상도가 나빠서 다이나믹스의 진행상황이나 인과관계를 조사하는 것에는 사용되기 어렵다. 하지만 뇌의 여러 가지 부위의 기능과 정보 분담에 관해 많은 지식을 얻을 수 있다.

예를 들어 이야기를 하고 있을 때의 뇌의 부위, 이야기를 듣고 있을 때의 부위, 수학 문제를 풀고 있을 때에 활약하는 부위, 손발을 움직이는 지령을 내릴 때의 부위 등이 그것이다. 이로부터 뇌의 기능 지도를 그릴 수 있다.

사람의 뇌 안에서 일어나는 갈등이 밝혀짐에 따라 인간이 관여하는 많은 학문에 영향을 미치고 있다. 경제학은, 얼마 전까지는 경제를 담당하는 주체로 '합리적인 인간'을 생각하였다. 합리적인 판단을 내리는 인간이 시장에서 협상을 하여 그 총체로서 나타나는 경제현상을 연구하면 된다고 여겨졌다.

하지만 인간은 반드신 합리적인 행동을 하는 것은 아니다. 그 뿐 아니라 한 사람의 인간 내부에서도 마음이 갈등하고, 행동은 그 결과로서 결정되므로 반드시 합리적이라고 할 수 없다. 평균적으로 합리적인 인간을 생각하는 것이 아니라, 갈등하는 뇌를 가진 인간을 경제 주체로 생각하고, 지금까지의 경제 이론을 변경하지 않으면 안 된다. 이것을 "신경경제학"이라고 한다. 경제학에 한하지 않고, 법학에서도 개인의 책임을 둘러싸고 뇌의 기능에 더욱 주목할 필요가 있다고 생각되어지고 있다. 뇌의 기능까지 생각하는 "신경법학"이 그것이다.

광고업계는 가장 직접적이다. 광고나 선전이 뇌에 어떻

게 받아들여질지, 어떤 것이 마음에 남아서 유효한지, fMRI를 사용하여 그 효과를 측정한다. 이로서 보다 유효한 광고를 만들고자 하는 것이다.

브랜드 명이 뇌의 결정에 어떤 영향을 미치는지를 조사하는 연구가 있다. 2004년에 미국에서 행해진 연구로, 코카콜라와 팹시콜라의 애호자에게 브랜드 명을 숨기고 컵으로 시음을 하여, 어느 쪽이 좋은지 질문하였다. 대조실험에서는 브랜드 명을 알려주고 시음하게 했다. 이렇게 하면 시음자가 브랜드 명에 어떻게 영향을 받는지 알 수 있다.

이 때 활동하는 뇌의 부위가 브랜드에 이끌리는 뇌의 영역을 나타낸다. 이 실험 이후, 업계를 둘러싸고 뇌에 대한 브랜드와 선전효과를 알아보는 연구가 진행되고 있다. 이것이 "신경시장학(neuromarketing)"이다. 이 모든 것이 마음과 그 갈등에 관계되어 있다.

의식은 어디에서 생겨나는가

우리들은 의식을 가지고 있어서 자신의 마음속을 알 수 있다. 의식은 철학적 문제로서 예전부터 논의되어 왔다. 물론 이는 뇌의 활동의 결과로서 생기는 것이다. 뇌과학이 발전했다고 해도 "의식의 과학"은 아직 시작단계에 불과하다.

단순하게 생각하면, 의식이란 자신의 의도를 자신이 알고 있다는 것이겠다. 내가 지금 무엇을 생각하고 무엇을 하려고 하고 있는지, 이것을 아는 것이 "의식"이다.

의식은 인류가 사회에서 공동작업을 하는 과정에서 발생하였다. 공동으로 작업을 하기 위해서는 자신이 무엇을 할 예정인지를 사람들에게 전달하지 않으면 안된다. 이를 위해서는 자신이 무엇을 할 예정인지를 먼저 스스로 알지 않으면 안된다. 이것이 의식이 싹트게 된 지점이다. 이러한 의식은 동물들에게서도 어느 정도는 인정된다.

자신의 의도를 타인에게 전달하는 수단으로서 언어가 발달했다. 이는 인간 고유의 것이다.

자신의 생각을 언어로 표현할 수 있게 되면, 거기에 논리적인 연산이 더해진다. "A 그리고 B", "A 또는 B", "A이면 B" 등이 논리적인 연산이다. 또한 사태가 어떻게 전이되어 갈 지를 뇌 안에서 시뮬레이션하는 것이 가능하다. 반성도 그 한 종류이다. 의식을 다듬고 그것을 연산할 수 있는 것으로 뇌의 새로운 세계가 열렸다. 단순한 논리계산의 능력을 넘어서 고차의 추론을 전개할 수 있게 된 것이다.

예를 들어 수학적 귀납법과 같이 1에서 명제가 성립하고, 나아가 어떤 n에서 명제가 성립한다면 n+1에서도 명제가 성립함이 증명가능하다고 하자. 이로부터 n이 어떤 값이라도, 다시 말해 무한히 계속되는 크기가 되어도 명제가 성립한다고 얘기할 수 있다. 이것을 주장하기 위해서 무한 번 반복할 필요는 없다. 유한의 수단으로 무한에 대한 성질을 말할 수 있다는 점이 핵심이다.

이러한 구조를, 입력구조를 가진 "재귀적인 추론"이라고 한다. 이는 유한이면서도 이를 넘어서서 무한의 세계로 진행된다. 수학과 같이 생존에 직접 관계가 없어 보이는 학문을 인류가 발전시키게 된 기초도 여기에 있다.

사람의 뇌는 의식을 가지고 있지만 사실은 무의식에서 막대한 정보를 처리하고 있다. 의식으로 떠오르는 것은 빙산의 일각인 셈이다. 뇌는 시각, 청각, 촉각 등의 많은 감각기관으로부터 정보를 받아들여 필요 없는 것은 의식으로 올리지 않고 곧바로 필요한 행동으로 옮긴다.

걸을 때에도, 손발을 흔드는 방법 등의 생각할 것 없이 루틴화 된 동작을 자동적으로 수행한다. 의식으로 올라오지 않는 행동을 담당하는 것을 "좀비시스템"이라고 한다. 그러다가 문제가 생기면 거기에서 경보를 발하여 의식으로 올라오고, 뇌의 자원을 그곳에 집중하여 문제해결을 시도한다. 예를 들어 미끄러지기 쉬운 눈길을 걷게 되면 시각, 촉각, 평형감각 등을 전부 동원하여 의식 하에서 통합한다.

의식을 담당하는 것은 뇌의 어느 부위일까. 기능분화가 되어 있다고 해도, 지금까지 의식을 담당하는 뇌의 특정 부위를 찾지는 못하였다.

의식은 뇌의 특정 부위가 담당하는 것이 아니라, 많은 부위가 협동하여 수행하는 집단 활동의 결과로 나타난다고 생각된다. 캘리포니아공과대학(Caltech)에 있던 콕(Koch)은, DNA의 이중 나선 구조의 발견으로 왓슨(Watson) 과 함께 노벨상을 수행한 고 크릭(Crick)과 공동으로 "의식"이라고 불리는 현상의 구조를 해명하고자 오랫동안 뇌의 연구에 매진해 왔다.

의식에는 뇌의 어떤 부위가 관계하고 있을까. 예를 들어 제 1차 시각야가 활동하였다고 해도 이것만으로는 의식이 생겨나지 않는다. 이 활동이 한층 더 고차의 영역으로 전달되어 거기에서 종합적으로 처리되면 "무엇이 보이는지"가 의식으로서 감지된다. 대뇌피질과 시상과의 네트워크가 활성화되어 그곳으로부터 의식이 생겨난다. 거기에 의식현상이 발생할 때, 이와 상관된 활동을 "NCC(Neural Correlates of Consciousness: 의식관련활동)"라고 부르고, 이것이 어디에 있는지, 실험결과를 바탕으로 실증적으로 조사하였다. 대단히 흥미로운 연구이지만, 이것으로 의식의 뇌 활동을 알게 되었다고는 말하기 어렵다.

의식의 종합정보이론

미국의 위스콘신 대학의 뇌과학자 토노니(Tononi)는 시스템이론의 입장에서 의식을 연구하고 있다. 의식이란 뇌 안에서 여러 가지 정보가 종합되었을 때 발생한다고 생각한다. 의식이 없는 상태에서도 뇌의 각 부위는 각각 따로따로 정보를 처리하고 있지만 종합되지는 않는다.

반사적인 행동은 의식으로 올라오지 않고, 관계된 국소적인 루프를 돌리는 것만으로 결과를 출력한다. 우리들이 걸어가고 있을 때에는 다리를 어떻게 뻗어서 어떻게 균형을 잡을지 등을 생각하지 않고 다리가 자동적으로 움직인다. 이것이 좀비시스템으로, 다른 여러 가지 정보를 종합할 필요가 없다.

그러나 앞에서 제시한 예와 같이 미끄러운 빙판길 위를 걷는다고 하면 이야기가 달라진다. 빙판을 잘 보고, 중심 균형에 주의하면서 발을 내딛고, 다음 동작과 착지점을 신중하게 생각한다. 많은 부위의 정보를 종합하여 계획을 세우지 않으면 안된다. 이는 의식으로 올라온다.

뇌 안의 광범위한 정보를 종합할 때 의식이 나타난다고 하면, 종합의 정도로 의식의 강도를 측정하고자 하는 아이디어가 나오게 된다. 이를 "의식의 종합정보이론(IITC: Integrated

Information Theory of Consciousness)"라고 한다. 문제는 종합의 정도를 어떻게 측정할 것인가이다.

여러 가지 부위의 신경집단이 결합해 있다고 하자. 논의를 간단히 하기 위해 3개의 뉴런 집단 A, B, C를 생각하여 그 활동도를 각각 x_A, x_B, x_C라고 한다. 이것이 서로 정보교환을 하면, 다음 시간에서의 활동도 x'_A, x'_B, x'_C는 모두 전체의 영향을 받아 결정된다.

정보교환이 없어서 통합되지 않는다고 하면 x'_A는 x_A에만, x'_B는 x_B에만, x'_C는 x_C에만 의존한다. 이 정보의 흐름을

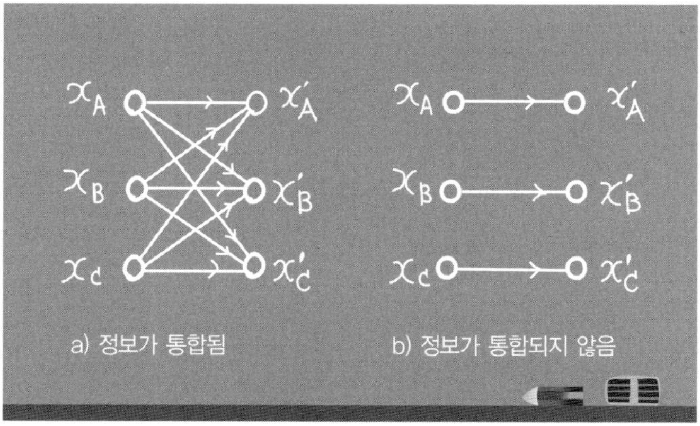

■ **그림 7-5.** 의식의 종합정보이론
a)와 같이 여러 신경집단에서 정보교환이 행해지는 (정보가 통합되는) 경우와, b)와 같이 정보교환이 행해지지 않는 (정보가 통합되지 않는) 경우에서 의식의 정도를 측정하고자 하는 이론이다.

그림 7-5와 같이 그래프로 그려보자. 그림의 a)는 정보교환이 있는 경우, b)는 정보교환이 없는 경우이다.

현실은 여러 가지 정보가 확률적으로 발생하므로 x_A, x_B, x_C는 확률변수라고 생각할 수 있다. 그러면 정보이론을 사용하여 정보의 양을 측정할 수 있다. 실험에 의해 뇌의 부위의 활동을 나타내는 데이터 x_A, x_B, x_C가 여러 번 측정 가능했다고 하자. 물론 일반적으로는 보다 많은 부위로부터 활동도를 측정한다.

이 데이터를 이해하는 데는 그림 7-5a)와 같은 정보통합이 있는 모델을 상정하여 데이터 해석을 수행한 경우와, 그림 7-5b)와 같이 정보통합이 없는 모델을 상정하여 해석을 수행한 경우에서 결과가 어느 정도 달라질까.

그림에서의 정보통합의 계수는 데이터로부터 추정한 것을 사용한다. 물론 통합이 없는 모델은, 통합 모델의 특수한 경우이므로, 통합 모델 쪽이 해석의 결과가 좋을 것은 당연하지만, 통합이 없는 모델에서도 어느 정도 결과가 얻어진다면 정보통합의 정도는 적다고 말할 수 있다.

토노니는 정보시스템 이론을 사용하여 정보통합의 정도를 나타내는 지표 Φ를 정의하고, 이것을 바탕으로 뇌의 의식의 정도를 측정하고자 하였다. 의식이란 그렇게 간단한 것이 아니라는 반론도 물론 인정하였다. 그렇다고 해도 의식이 생기기 위해서는 Φ가 클 필요가 있고, 따라서 이는 의식의 필요조건으로 볼 수 있을 것이다.

하지만 토노니가 정의한 정보통합 지표 Φ는 계산이 어려울 뿐 아니라 반드시 합리적인 것은 아니다. 수정안이 여러 가지 제안되고 있다. 이는 정보이론의 입장에서도 흥미로운 문제이다. 우리들은 정보기하가 이 문제를 푸는데 최적의 방법이라고 주장하면서 새로운 아이디어를 제출하였다. 저자 입장에서는 정보기하가 뇌과학과 연결되는 것은 반가운 일이다. 이것도 수리뇌과학의 일부라고 할 수 있다.

"자유의지"는 존재하는가

우리들은 자신의 행동을 자유롭게 결정할 수 있다. 이것이 "자유의지"이다. 법률에서도, 범죄자가 처벌 받는 것은 자신의 의지로 행동을 결정하여 죄를 범했기 때문으로, 심신 상실자는 책임을 묻지 않는다.

그러면 자유의지는 어디에서 생겨나는 것일까. 이 논의는 의식과도 관련되어 오래 전부터 내려오는 난제이다.

뉴턴역학이 완성되자, 세계는 물리학의 법칙에 따라 진행된다고 하는 "물리학적 결정론"이 나타났다. 이렇게 되면,

우리들의 뇌는 물질로 이루어져 있으므로 물리의 법칙으로부터 벗어난 움직임이 일어날 여지는 없어진다. 그렇다면 우리들의 행동도 모두 물질과 그 움직임에 지배되어 결정되어지고, 자유의지 등이 들어갈 여지는 없다는 결론에 도달한다.

이에 대한 반론도 있기는 하다. 그 중 하나는 양자역학의 비결정론이다. 양자상태의 발전은 파동함수로 나타난다. 이는 슈레딩거 방정식을 따르는 결정론적인 것이지만, 그것은 확률을 나타내는 것에 지나지 않는다. 관측에 의해 무엇이 나올지는 확률로 결정된다. 따라서 우리들도 확률의 변동에 얽혀있고, 여기에 자유의지의 여지가 있다는 것이다.

그러나 관측의 변동으로부터 자유의지를 찾고자 하는 이론은 지나치게 소극적으로 보인다. 또한 영국의 물리학자 펜로즈(Penrose) 등은 양자역학과 중력이론이 아직까지 종합되지 않아서 미시적인 것과 거시적인 것이 잘 연결되지 않는다는 점에 주목하여 여기에 자유의지가 발생하는 기반이 있다고 한다. 미해결된 양자역학이론이 완성되면 자유의지의 근원을 알 수 있다고 한다. 우리들 인간은 튜링기계를 뛰어넘는 최고의 존재라는 것이 이 가설의 결론이지만, 이 가설도 지지를 받고 있다고는 말할 수 없다.

또한, 결정론적인 시나리오가 옳다고 해도, 현실은 카오스 역학계의 지배하에 있어서 조금 더 앞의 미래는 예측할 수 없다고 한다. 그도 옳지만, 이로부터 자유의지가 어떻게 발생하는지는 밝힐 수 없다.

캘리포니아대학의 생리학자 리베트(Libet)는 1980년대에 흥미 있는 실험을 생각하여 주목을 받았다. 다음과 같은 실험이다.

시계의 초침이 움직이고 있다. 피험자에게 "초침이 어디에서 멈출지, 당신의 자유의지로 결정해 주시오"라고 요청한다. 피험자는 결정하면 버튼을 누르고 초침은 거기에서 멈춘다(그림 7-6).

이때 피험자가 뇌활동을 EEG로 동시에 측정해 둔다. 이를 보면, 사실은 피험자가 멈추겠다고 결정한 몇 초 전부터

■ **그림 7-6.** 리베트에 의한 자유의지 실험
"결정했다"고 생각하기 전부터 뇌는 답을 정해놓았다?

뇌의 활동이 시작되고 있어서 그 뇌파를 측정하면 어디에서 멈출 것인지를 외부의 관측자가 알 수 있다고 한다.

결국 본인이 자각적으로 결단하기 이전에 뇌는 답을 정하여 활동을 개시하고 있어서, 의식으로 올라와 버튼을 누르는 것은 그 결과에 지나지 않는다는 것이다. 본인은 "지금 정했다"고 말해도, 뇌의 활동을 살펴보면 그 이전의 의식으로 올라오기 전에 답은 결정되어 있었던 것이 된다.

본인의 의식과 상관 없이 뇌 내부의 다이나믹스가 "멈춘다"고 하는 결단을 하고 있다. 본인이 실제로 멈추는 것은 뇌의 다이나믹스의 결정을 뒤쫓고 있는 것에 지나지 않는 것이다. 자유의지가 아니라, 뇌가 무의식 하에서 결정한 것이 그 후에 의식으로 올라와 마치 자신이 자유의지로 결정한 것처럼 잘못 생각하는 것이 된다.

뇌에는 이중의 다이나믹스가 돌고 있다. 하나는 무의식 하에서 멈추는 초침의 장소를 결정하는 다이나믹스이고, 또 다른 하나는 그 결정이 의식으로 올라와 마치 자신이 자유롭게 결정한 것처럼 버튼을 누르는 다이나믹스이다.

리베트는 자유의지를 논의하면서 의식으로 올라와 버튼을 누르기 직전에 스스로의 의지로 결정을 변경하는 것도 가능하다는 점을 중시한다. 무의식의 뇌가 준비한 결정을 스스로의 의지로 뒤엎어 버튼을 누르는 시기를 바꾸면 된다. 따라서 뇌의 결정에 맹목적으로 따르지 않아도 되므로, 자유의지는 보존된다고 한다.

그러나 이 주장을 그대로 받아들일 수는 없다. 버튼을 누르는 시기를 연장한다고 해도, 여기에서도 뇌의 무의식의 다이나믹스가 마찬가지로 선행하고 있지 않을까. 어쨌든 이 무의식의 결정에 의식이 개입하는 것은 사실이다.

예측과 사후추정 - 우리는 뇌로부터 자유로워 질 수 있을까

사람은 현재의 정보를 바탕으로 그 앞을 예측하여 미리 방책을 준비한다. 이것이 "예측(prediction)"인데, 인간은 이 능력을 충분히 발전시켜왔다.

그러나 인지과학자인 시모조 신스케(下條信輔)는 예측과 동일하게 중요한 것이 "사후추정(postdiction)"이라고 한다. 사람은 자신이 선택한 행동을 사후추정으로 합리화한다. "이러한 결정을 한 바탕에는 사실은 이러이러한 논거가 있기 때문이다"라고 나중에 자신을 납득시킨다. 이러한 반성을 항상 행하고 있다.

이 결과 때때로 인과관계에 반하여 없었던 요인까지 마치 존재했던 것과 같이 착각해 버리는 경우가 있다.

리벳의 실험으로 돌아가서 생각해 보자. 의식하지 않은 상태로 뇌 안에서 다이나믹스가 발생하여 결정에 도달한다. 최종단계에서 버튼을 누르기 전에 이 결정이 의식으로 올라온다. 버튼을 누르는 것은 의식한 과정이다. 이 때 의식으로 올라와서 "생각하는 것"이 가능하다. "자신은 자유롭게 결정한 것이다"라든지 "3시에서 초침을 멈추려고 한 것은 이 각도가 좋았기 때문이다"라든지, 버튼을 누르기 직전에 여러 가지 것들이 머리에 떠오를지도 모른다. 이 단계라면 아직 결정을 바꿀 수 있다는 것이 사후추정에 의한 사고이다.

결정을 바꿀 수 있으면, 다시 되돌아가 뇌 안의 무의식의 다이나믹스가 다시 움직인다. 이 때, 3시는 고르지 않고 8시를 고르도록 의식이 뇌에 개입하는 것도 가능하다. 우리들의 행동은 항상 이러한 이중 루프에 둘러쌓여 있다. 무의식에서 진행하는 빠른 프로세스와 의식 하에서 천천히 많은 정보를 종합하면서 최종결정을 내리는 프로세스가 그것이다.

자유의지가 생겨나는 것은 이 후자의 프로세스에 대한 것이다. 물론 이 때에도 뇌 안의 무의식에서의 다이나믹스가 의식보다 선행하므로 역시 자유로운 것은 아니라고 주장할 수도 있을 것이다.

의식으로 올라오는 추론 프로세스는 예측으로 내린 결론을 재고 할 수 있다. 이 단계에서 사후 추정으로 이를 합리화하여 추론을 보강하는 것도 가능하다. 이것이 인간의 뇌에 발생하는 의식과정이다. 이것이 가능하게 된 것은 뇌에 있어서는 큰 변혁이었다. 문명을 만들어 낸 것도 이 프로세스가 동작했기 때문이다.

"자유의지는 있는가"라는 질문은 이 자체로 재미있기는 하지만 답을 내릴 수 없는 문제이다. 질문 방법이 나쁘기 때문이다. 미시적인 물질 레벨의 인과율로 생각하면 이는 결정론적이다.

다만 물질의 세계가 역학의 원리에 따라 결정된다고 해도, 여기에는 다자유도계의 카오스 다이나믹스가 게재되므로 예측이 가능한지 어떤지는 별개의 문제이다. 그러나 물질이 아니라 사고의 레벨, 다시 말해 우리들의 의식 하에서 움직이는 거시적인 프로세스를 생각하면 여러 가지 제약이 있긴 하지만 우리들은 자유라고 할 수 있다. 미시적으로는 물질과정에 묶여있다고 해도, 의식이 여기에 개입 가능하다. 이 범위에서 자유의지의 문제를 다룬다고 하면 우리들은 자유의지를 가진다고 말해도 좋다. 우리 인간들은 자유롭다.

사전추정(예측)과 사후추정(반성)의 문제를 정보의 패턴표현과 기호표현의 입장에서 다시 살펴보는 것도 가능하다. 빠른 뉴로 계산은 패턴 표현을 바탕으로 다이나믹스에서 한 번에 실행한다. 그러나 이것이 의식으로 올라와, 사후추정의 프로세스가 동작할 때에는 정보가 기호화되어 논리적인 추론의 도장으로 올라온다. 이 과정이 사람을 사람답게 하는 고도의 지능을 실현하고 문명을 발생시켰다고 해도 좋을 것이다.

이제는 패턴표현을 사용하는 뉴로다이나믹스의 계산과 기호를 바탕으로 논리적인 추론을 행사는 인공지능이 오랜 기간의 대립을 극복하고 새로운 기술의 실현을 위해 협력하려고 하고 있다. 다시 말해 패턴 표현을 바탕으로 한 기호계산의 실현인 것이다. 반대로 기호로부터 패턴에의 개입도 가능할 것이다.

의식을 바탕으로 한 인류의 문명의 발전을 되돌아본다면, 이후 더욱 패턴의 지원을 받으면서 기호와 논리의 쌍방을 활용하는 큰 약진이 인공지능에서 일어나도 이상할 것 없겠다.

의식, 감정, 마음

이제 다시 마음에 대해 생각해 보자. 자신의 마음의 움직임을 알고 있기 때문에, 마음은 의식의 바탕에 있다. 마음이 선도하여 앞을 예측하거나, 타인의 마음을 배려하거나 한다. 그야말로 우리들은 마음이 시키는 대로 행동한다. 그러나 이러한 행동은 의식 제어 하에 있고 우리들은 마음을 제어할 수 있다.

기쁜 일, 슬픈 일, 그리고 노여움을 느끼는 것도 마음이다. 희노애락의 감정은 동물에게도 있을 것이다. 그러나 인간만이 이를 의식하고 사후추정의 논리로 천천히 되짚는 것도 가능하다. 감정 그대로 행동하는 것이 아니라, 이를 천천히 소화하여 노여움을 누르고 최선의 방책을 모색하고, 슬픔도 이를 느끼면서 꾹 참는다. 기쁠 때에는 자신도 모르게 미소가 번지기도 한다.

감정까지도 의식의 레벨에서 승화하여 인생을 살아가는 동안의 양식으로 만드는 것이 가능한 것은 훌륭한 것이다. 우리들의 마음은 약할지도 모른다. 그러나 동시에 친절한 마음, 강한 마음을 가지는 것도 가능하다. 마음을 단련하여 자신의 신념을 가지고 멋진 인생을 보내는 것이 가능하다.

마음을 읽다 – 뇌와 기계를 연결하는 기술 BMI

사람의 마음은 읽을 수 있을까. 우리들은 일상에서 항상 사람의 마음을 관찰하고 있다. 사람의 마음을 배려하면서 타인과 관계를 맺는다. 그러나 상대방의 뇌 속을 알 수 있는 것은 아니므로 진짜 마음은 알 수 없다. 진짜로 알게 된다면 서로 곤란해질지도 모르겠다.

뇌과학에서는 뇌의 구조를 밝히고 싶어 한다. 만약 뇌 안의 정보를 외부에서 읽어 낼 수 있다면 연구가 크게 발전할 것이다. 이를 위해 등장한 것이 BMI(Brain-Machine Interface)이다.

동물의 뇌 안에 전극을 삽입하면 그 전기활동을 측정할 수 있다. 운동야의 흥분 패턴이 해독 가능해지면 지금 오른쪽으로 가려고 하는지 왼쪽으로 가려고 하는지를 동물이 행동하기 전에 그 신경활동으로부터 알 수 있다. 앞에서 살펴본 리벳의 실험에서도 뇌파의 측정에 의해 본인이 의식하기 전에 언제 버튼을 누르려는 지를 해독 가능했다.

뇌의 정보가 해독 가능해지면 본인이 실제로 행동에 옮기는 것보다 앞서서 그 정보를 이용하여 외부의 기기를 조작 가능할 것이다. 신체장애자에게 있어서 이러한 장치가 가능하다면 이는 반가운 소식일 것이다. 또한 외부로부터 뇌에 정보를 직접 입력하는 것이 가능하다면 이것도 또한 놀라운 기술을 만들 수 있다. 눈이 보이지 않는 사람의 뇌에 시각정보를 직접 보내는 것도 가능해질지도 모르겠다. 현재의 인공내이는 청각신경을 직접자극하여 외부의 정보를 뇌 안으로 보낸다.

BMI는 뇌 안의 정보를 추출하여 해독하고, 또한 뇌에 정보를 직접 주입하는 기술의 총칭이다. 뇌 안에서 추출한 정보를 컴퓨터로 해독하고 이것을 처리하여 다시 뇌에 주입하면, 뇌와 컴퓨터를 연결하는 시스템이 만들어진다. 미국의 군사기술로서 탄생했다고는 하지만, 이는 뇌과학과 현대 사회에 큰 영향을 가져올 기술이다.

뇌과학은 지금까지 뇌 활동의 수동적인 측정에 의존해 왔다. 뇌의 활동이 행동과 어떻게 상관되어 있는지, 그 관계를 측정해도 이것을 인과관계로서 확인하는 것이라고는 할 수 없다. 이것이 연구자들을 안타깝게 해 왔다. 그러나 BMI를 활용하면 뇌에 개입하는 것이 가능하므로, 뇌의 활동과 행동의 인과 관계를 알아내는 것이 가능하다. 이로써 뇌의 구조에 대한 이해가 한층 발전할 것이다.

이 기술을 이용하면 복지나 의료 분야에서 큰 진보가 기대된다. 예를 들어 "뉴로피드백"이 있겠다.

예전부터 있었던 약간 수상한 수법으로 바이오피드백이 있다. 예를 들어 사람의 손의 온도를 올리는 실험에서는 피험자가 자신의 손의 온도가 올라가도록 마음속으로 빌어도, 이것만으로는 아무것도 일어나지 않는다. 그러나 손의 온도는 혈류에 의해 항상 조금씩 변하고 있으므로, 온도가 약간 올라갔을 때 이 정보를 피드백하여 "지금 약간 상승했어"라고 본인에게 알린다. 그 결과, 어떤 구조에 의한 것인지는 차

치하고, 온도가 올라가는 지금의 상태는 바람직하다고 하는 정보를 얻고, 뇌가 혈류를 제어하여 손의 온도가 올라가는 상태를 유도해 간다.

물론 모든 것이 잘 된다고 말할 수는 없고, 뭐든지 가능할 리는 없다. 그러나 이러한 것이 일어날 수 있다는 사실은 잘 알려져 있었다.

손의 온도가 아니라 이를 제어하는 뇌의 정보를 직접 피드백 하면, 보다 좋은 결과를 얻을 수 있을지도 모른다. 이것이 BMI이다. 온도가 변동하여 약간 올라갔을 때, 뇌의 활동은 어떠할 지에 대한 정보를 뇌로 돌려주는 것이다. 그러나 이는 극히 간접적인 변동에 의존하고 있어서 뇌의 어떤 활동이 관계되는지는 알 수 없다.

ATR 뇌정보통신종합연구소의 가와토 미츠오(川人光男)로 대표되는 그룹은, 뇌의 활동 정보를 그냥 그대로 피드백하여 알려주는 것이 아니라, 필요한 부위의 뇌 정보를 해독하여 이 정보를 피드백하는 기술을 개발했다.

뇌정보가 해독 가능해지면 뇌 안에서 무엇이 일어나고 있으며 그것이 바람직한 상태인지 어떤지를 알 수 있다. 이것을 판단하여 지금이 바람직한 상태에 있는지 아닌지를 피드백한다. 이것을 "뇌정보 복호 피드백법(DecNef: Decoded Neurofeedback)"이라고 한다.

알기 쉬운 예를 들자면, 사람은 바라보고 있는 선분의 각도를 판단할 수 있다. 만약 선분의 농도를 엷게 해 가면 결국은 보이지 않게 된다. 이 때 사전에 30도 기울어진 선분이 나타날 것이라고 확신하고 눈을 한곳에 집중하고 있으면, 30도 기울어진 선분에 대해서는 감각이 좋아져서 쉽게 검출 가능하다. 이것은 사전에 특정한 각도를 예측하고 주의(어텐션)를 집중하기 때문으로, 이 어텐션은 뇌의 고차 영역으로부터의 정보에서 발생한다.

30도 기울어진 선분을 검출하는 부위의 뉴런이 활동했다고 하자. 뇌는 필요할 때 이외에도 여러 가지 활동을 하고 있으므로, 이는 선분을 보고 있지 않을 때에도 발생하고 다른 각도의 선분을 보고 있을 때나 안정상태에서도 발생한다.

피험자에게는 무엇을 측정하고 있는지를 알리지 않고 이 뇌 안의 정보를 해독하고 30도의 선분에 대응하는 뉴런활동이 있으면 지금은 좋은 상태, 그렇지 않으면 나쁜 상태라고 알려준다.

피험자는 무엇이 좋은지, 무엇을 기준으로 하고 있는지는 전혀 알 수 없다. 그래도 이렇게 상태의 좋고 나쁨을 알려주는 것으로 이 피험자의 30도 선분에 대한 검출 감도는 약간 이지만 상승하고 이것이 몇주간이나 유지된다. 뇌의 회로의 시냅스결합에 변화가 발생하여 다이나믹스의 특성이 변했다고 해도 좋다. 뇌에 대한 개입이라고 할 수 있다.

이는 뇌졸중 등의 환자의 재활에 유효하다. 뇌졸중 환자는 잃어버린 기능이 회복됨에 따라 뇌가 새로운 결합을 만들어 기능보완을 수행한다. 그 과정에서 훈련이 필요하다. 훈련이 잘 진행되었을 때의 뇌의 활동패턴을 해독하고, 지금은 좋은 방향으로 가고 있다든지, 지금은 약간 좋지 않다든지의 정보를 피드백하면서 훈련하면, 회복이 극적으로 빨라질 수도 있다고 한다. 지금은 많은 임상시험이 수행되어 확실히 재활에 도움이 된다. 정신질환 등에도 이 기술을 사용할 수 있을 것이라고 기대된다.

뇌를 조작하는 것도 가능해 진다

뇌는 놀랄만큼의 가소성이 있어서 뇌 안의 시냅스결합은 항상 변할 수 있다. 하지만 EEG등의 뇌 활동을 직접 관찰해도 무엇이 일어나고 있는지는 알 수 없다.

뇌의 정보를 해독하고 그 상태가 무엇에 대응하는지, 그 좋고 나쁨을 결정하여 피드백을 하면, 뇌는 그 방향으로 결합을 변경해 가게 되는 것이다. 다만 피험자에게는 지금이 바람직한 뇌의 상태인지 아닌지를 알려줄 뿐, 무엇이 좋은지는 알 수 없다. 이대로라면 무엇을 피드백했는지를 본인이 알 수 없는 상태에서 특정한 정보에 적합하도록 뇌를 변화시킬 수 있는 것이 된다.

이러한 강력한 기술은 동시에 위험한 기술이기도 하다. 여성의 얼굴 사진을 몇 장 준비하여 피험자에게 보였다고 하자. 피험자는 사진을 보고 어떤 여성이 좋은지를 대답할 필요는 없다. 다만 실험자가 어떤 여성을 보았을 때에 피험자에게 발생하는 뇌 활동을 좋은 상태라고 가정한다. 그리고 피험자의 뇌 안에서 이 패턴이 발생할 때마다 이것을 좋은 상태로, 지금 무엇을 보고 있는지는 상관하지 않고 피드백을 진행한다.

그러면 피험자는 아무것도 알지 못하는 상태로 실험자가 정한 특정 여성에 대한 호감도가 올라가고, 이것이 일정 기간 유지된다. 결국 누군가를 좋아하는 감정을 본인이 알지 못하는 사이에 조작할 수 있게 되는 것이다.

뇌과학은 기초과학이므로, 아무리 진보해도 위험한 과학이 된다고는 생각되어지지 않았으나, 지금은 상황이 변화되고 있다. 강력하고 유효하지만 위험하기도 한 기술에는 유전자 개조기술이 있다. 이 기술은 지금은 DNA를 용이하게 편집하는 것까지 가능해져 있다.

유전자 기술이 그러한 것처럼, 뇌과학도 이제는 마음에

직접 접근하여 작용하는 것이 가능해 지려고 한다. 원숭이나 생쥐의 레벨에서는 ,몇 마리의 동물의 뇌를 연결하여 정보를 직접 컴퓨터와 결합하고, 복수개의 뇌가 직접 연계하여 1개의 뇌와 같이 동작하는 복합뇌를 만들어 내는 것에 성공했다는 뉴스가 들어와 있다. 아직 초보적인 실험이라고는 하지만, 이러한 기술의 진보에 놀라고 기대와 함께 전율도 느끼게 된다.

기술이 진보하고 강력해지면 과학의 존재방식을 둘러싸고 사회 전체에서 생각하지 않으면 안된다. 이러한 기술의 사용방법에 대하여 사회의 확실한 동의가 필요하다. 뇌 윤리는 뇌과학자 뿐 아니라 시민을 포함한 사회 전체에서 논의해야할 긴급한 과제가 되어가고 있다.

뇌를 가진 로봇은 탄생할 것인가

지금까지 사람의 마음에 대하여 생각해 왔다. 그렇다면 컴퓨터가 마음을 가지게 하는 것은 가능할까. 보다 구체적으로는 인공지능이 마음의 기능을 만들어 내어 마음을 가진 로봇이 활약하는 사회가 올 수 있을까.

사람의 마음은 긴 기간의 진화의 과정을 거쳐서 생겨났

다. 거기에 신비한 것은 아무것도 없다. 뇌라는 물질 위에 정보를 올려서 스스로의 기능을 높이는 방향으로 진화가 진행되어 자연스럽게 발생했다. 따가서 뉴런이라는 생물세포가 아니라 실리콘으로 만들어진 정보기계 위에 의식이 생겨나서 마음이 품어져도 그 자체로 전혀 이상할 것 없다.

의식은 다수의 정보의 종합 위에서 생겨난다. 이는 뇌라는 초병렬 컴퓨터가 환경에서 살아남고자 하는 필요 위에 발생하였다. 뉴런의 동작 스피드는 컴퓨터와 비교하면 대단히 느리다. 밀리초 단위의 오더이다. 이 느린 장치를 사용하여 빠른 정보처리를 수행하기 위해서는 병렬 시스템이 적격이다. 거기에서는 많은 정보처리 과제를 전용의 서브시스템에 맡기고 좀비시스템으로서 무의식에서 빠르게 움직이게 한다.

한편으로 좀비시스템에서는 사용하지 않는 중요한 조건을 처리하기 위해 의식이라는 시스템을 만들어 내었다. 여기서는 다양한 종류의 정보가 종합되어 포스트딕션(사후추정)의 과정이 작동한다. 이것이 "의식"이다. 의식은 실행 전이라면 자신의 결정을 바꿀 수 있다. 또한 이를 반성의 단초로 하여 학습을 진행하는 것도 가능하다.

의식이란 자신이 지금 무엇을 하려고 하는지를 스스로 알고 있는 것이다. 이렇게 생각하면, 컴퓨터에 의식을 심는 것은 용이할 것이다.

컴퓨터 프로그램이 수행되고 있을 때, 이 프로그램이 무엇을 계산하고 있는지, 그 계산은 어떤 의미를 가지고 어느 정도 중요한지, 지금 어디까지 계산이 진행되고 다음은 어디로 가는지 등을 이해하고 감시하는 프로그램을 붙여주면 된다. 이것은 사후추정의 기능과 같아 보인다. 이 프로그램이 문제가 있다고 판정하면 원래의 프로그램에 개입하여 그 결정을 변경하는 것도 가능하다.

컴퓨터의 스피드는 나노초의 세계에 도달하여 뉴런의 기본동작보다 100만 배나 빠르다. 물론 이를 병렬화하여 단순한 작업은 좀비시스템에 맡기는 것은 가능하다.

그러나 현재 컴퓨터의 스피드라면 직렬인 상태 그대로 시간을 슬라이스하여 시분할로 어떤 시점에서 어떤 일을 하고 다음 시간 슬라이스에서 또 다른 일을 하는 방식을 적용함으로써 병렬화하지 않고도 충분히 빠르게 처리할 수 있다.

중요하고 곤란한 조건에 대하여서는 컴퓨터도 이 과제에 전 능력을 할당하지 않으면 안된다. 특히 여러 가지 영역으로부터의 정보를 빠짐없이 사용하여 종합할 필요가 있다. 이것이 그야말로 "의식"의 구조이므로, 이것도 컴퓨터에서 수행하는 것이 가능할 것이다.

사람은 의식의 기능을 바탕으로 마음을 가지게 되었다. 또한 타인도 자신과 같은 마음을 가졌음을 알고 그 움직임을 추측한다. 동시에 타인도 나의 마음을 추측하여 행동하는 것도 알고 있다.

로봇에게 이러한 마음을 가지게 하는 것이 가능할 것인가. 미래에 사람과 로봇이 공생하는 사회가 오면 로봇이 사람의 마음의 움직임을 이해하고 대응해 주면 좋겠다고 사람은 생각한다.

로봇이 사람의 마음의 움직임을 이해하고 이것을 시뮬레이션 하는 것은 그렇게 어려운 일은 아닐 것이다. 그렇게 되면 로봇도 마음을 가지고 그 마음이 명령하는 대로 행동하고 있는 것처럼 우리들에게 보일지도 모른다. 사람은 쉽게 감정이입을 한다. 소설, 영화, TV, 게임에서는 주인공에 감정이입하여 그 사람이 된 것처럼 응원한다. 그렇다면 로봇에도 마음이 있는 것처럼 느끼고 그에 공감하는 것도 당연히 있을 법 하다.

하지만 우리들의 인생은 한 번 뿐인 소중한 것이다. 사람은 탄생하여 성장하고 결국은 사망한다. 한 번 뿐인 인생을 살아가는 중에 기쁨도 있고 슬픔도 있다. 자신을 연마하여 보다 발전하도록 노력한다. 사람은 신념을 가지고 자신에 대한 프라이드를 느낀다.

로봇에게는 이런 것은 없다. 로봇은 고장나면 수리가 되므로 사망하는 것도 없다. 대체 가능하므로 바꾸어도 기억을 이식하면 동일한 일을 한다. 한 번 뿐인 소중한 인생이라는 감상은 생기지 않으므로 로봇은 굴레에 묶여있는 인간보다 훨씬 합리적인 판단을 내리는 것이 가능할지도 모르겠다.

사람은 진화하는 과정에서 자기 생명을 유지함과 함께 종족의 보존을 위한 시스템을 내장하였다. 이것이 발전하여 사람은 문명을 만들기에 이르렀다. 인간은 많은 약점을 가지고 있다. 이것을 이해하고, 그 이해를 바탕으로 한번 뿐인 개개인의 인생이 빛남으로써 사회 전체가 빛나는 문명사회가 실현되면 좋을 것이다. 안타깝게도 현대 문명은 이 이상과는 아직 거리가 멀지만 말이다.

그렇다면 로봇에게 목적의식을 심어 로봇 집단이 전체로서 진화하도록 하는 시스템을 갖추는 것은 가능할 것인가. 로봇이 스스로 마음을 가지고, 사회를 만들고, 진화하는 것은 원리상으로는 가능할 것이다. 그러나 저자는 이것이 자동적으로 실현되기 위해서는 인류의 진화만큼 긴 세월이 필요할 것이라 생각한다.

인간은 목적의식을 가지고 진화하는 로봇을 만들 것인가. 만약 그것이 현실이 되면 로봇은 인간의 어리석음에 정나미가 떨어져 인간 대신에 스스로 결정을 내리고 궁극에는 인간을 몰아낼지도 모른다. 이것이 SF가 그리는 세계이다.

그러나 이러한 로봇을 만드는 것은 극히 어려운 일로, 저자는 사태가 이렇게 진전되리라고는 생각할 수 없다. "마음을 가진 것처럼 보이는" 로봇은 만들어 질 것이다. "마음을 가지고 있다"고 해도 좋을지도 모른다. 로봇이 마음과 개성을 가진 것처럼 보이면 사람은 이에 애착을 가진다. 로봇도 상황에 대응하여 즐거움이나 슬픔을 표현하고 이를 사람과 공유할 수 있다. 따라서 사람은 로봇을 가족과 같이 느끼는 것이 가능할지도 모른다.

하지만 로봇이 기쁨이나 슬픔을 표현해도 이것만으로는 로봇 자신이 기뻐하고, 또 슬퍼한다고는 말할 수 없다. 기쁨이나 슬픔에 대한 상황 인식은 기뻐하는 것과 슬퍼하는 것 자체와는 다르다. 이는 퀄리어(감각질, 마음을 저미는 감각, 어떤 것을 지각하면서 느끼게 되는 기분)의 문제라고 해도 좋은데, 개인의 긴 경험의 축적 끝에 생겨난다. 로봇 자신이 한번 뿐인 인생을 아까워하면서 마무리해 가는 것은 없을 것이므로, 모든 경험이 그대로 도움이 되며 퀄리어와 같은 것이 생길 필요가 없다. 인간이 만드는 로봇은 어디까지나 사람과 협조하여 사람을 도우는 존재로 머물게 될 것이다.

맺음말

한 사람의 수리과학자로서 반세기 아상의 연구의 역사를 뒤돌아보면서, 수리뇌과학과 인공지능, 나아가 마음과 문명에 대해 논하였다. 개인적인 감상도 많은 부분 포함되었기에 독선적이 부분이 많았을지도 모르겠다.

새삼스럽게 뒤돌아보니 저자 자신은 생각지도 못한 행운의 별 아래에서 태어난 듯하다. 어린 시절은 종전 직후로, 배고픈 기억이 많았다. 때문에 꽤 참을성이 강하다.

그 후 일본의 경제가 발전하고, 그때까지 불가능이라고 생각했던 것이 차례로 가능해 지는 놀라운 경험을 하였다. 자동차를 스스로 운전하는 것이나 외국에 가서 견문을 넓히는 것 등은 있을 수 없는 일이라고 생각했었다. 그런데 외국인과 친해지고, 회의나 위원회에서 토론하고, 국제학회의 회장까지 맡고, 나아가 자신의 학문을 만드는 것이 가능했으므로, 놀라운 일이 아닐 수 없다. 이는 상승기의 일본이라는, 역사상 유례가 없는 시대에 살았기 때문이리라.

저자는 어린 시절부터 수학을 좋아했다. 이것을 일생의 직업으로 선택할 수 있었던 것은 행운이었다.

20대는 무아지경의 시대였다. 정말로 독창적인 일은 20대 밖에 할 수 없다고 생각하여 분발하기도 했다. 30대에 들어서자 시야가 넓어져 연구가 충실해지고 재미있어졌다. 연구자로서 가장 활약할 수 있는 시대라고 생각했다. 뇌의 모델을 다루는 수리뇌과학의 건립에 열중하였다. 그리고 40대에 들어섰다. 들어서 보니, 여러 가지 지식이 넓어져 그야말로 저자 자신에 있어서 황금시대였다. 이즈음에 수리뇌과학뿐 아니라 정보기하의 창설로 연구 폭을 넓혔다.

그리고 50대에 이르렀다. 여전히 연구는 가능하다. 자신의 독자적인 구상을 가지고 있다면 젊은이들과도 겨룰 수 있다고 스스로를 위로하였다. 60대에 들어서서 정년을 맞이하니 인생을 일단 마친 것과 같은 기분이 들어 연구와 함께 취미인 바둑과 테니스를 즐길 여유가 생겼다. 하지만 연구는 아직도 가능하다. 독립성분분석 등 새로운 연구를 시작한 것도 이 시기이다. 그리고 어느샌가 70대에 들어섰으나 여전히 연구는 즐겁다.

저자가 마음가는대로 좋아하는 연구를 해올 수 있었던 것은 좋은 선생과 동료의 도움이 있었기 때문이다. 또한 많은 제자와 후배들의 혜택도 받았다. 저자가 무언가를 가르친

것도 아닌데 단지 좋아하는 것을 하게 한 결과로 그들이 무언가를 배웠다면, 대단히 행복한 일이다.

시대는 움직이고 있다. 예전의 상승기의 열기는 수그러들고, 경제는 혼미해 지고 있다. 버블경제 시대의 번영의 그림자를 쫓아서는 안 될 것이다. 젊은 연구자는 지금 매우 곤란한 시대를 살고 있다. 그러나 이것도 인생이다. 저자도 자신이 젊었을 때에는 여러 가지 고난이 있었다. 고난 중인 인생을 살아내는 것이야 말로 한 번 뿐인 인생을 살만한 가치가 있게 하는 것이다.

이제 80세를 맞아, 저자는 자신의 취미로서 아직도 연구를 즐기고 싶다고 생각하고 있다. 하지만 여기서 일단락이라고 생각하여 마음대로 이야기 보따리를 풀어 놓은 것이 이 책이다. 꼴불견인 부분은 양해해 주기 바란다. 또한 이 책을 집필함에 있어서 참고로 한 서적이나 논문은 다수 있으나, 참고문헌의 명기는 생략하고자 한다.

2016년 4월 나스의 별장에서

아마리 슌이치

찾아보기